唐代鎏金茶碾子（复制品）

宋代铁制茶碾子

大小龙凤团茶模具图

宋代建窑兔毫盏

宋代黑釉茶碗

元代钧窑茶碗

辽代黄釉小茶碗

明代青花菊纹茶壶

明代青花茶叶罐

明末清初紫砂提梁壶

清代紫砂瓜形壶

清代紫砂树瘿壶

清代乾隆款朱泥小壶

清代方砖茶壶

清代"友兰"款紫砂直筒壶

清代乾隆御制三清茶诗盖碗

清代汪士慎《乞水图》

杭州龙井村乾隆封十八棵御茶

車鴻臚

木詩制

金癭曹

宗谈事

漆雕秘閣

陶寶文

后 轉 連

卟 貟 胡

羅 樞 密

湯 提 點

竺 副 师

司 職 方

清代箱茶运销茶引

清代黑漆描金茶叶盒

民国盘肠壶（茶炉与茶壶连为一体，上部注水，下部放燃料）

民国 盘肠壶
Panchang kettle of the Republic of China

盘肠壶，又叫炉壶。以紫铜作原料，经锤打和焊接而成。茶炉内部分为上下两部分，上部注水，下部放燃料。茶炉燃料以木炭为主，待水烧滚后，由加水口加入生水，滚水便由壶嘴流出，可满足日夜加茶之需。

Panchang kettle, also called stove kettle, was made of copper, which was hammered and welded. The inside of boiler was divided into two parts, water was poured into the upper part and fuel was put in the lower part. Charcoal was used as the main fuel. When the water was boiling, unboiled water could be added and boiling water would come out of the mouth, so that tea could be brewed anytime.

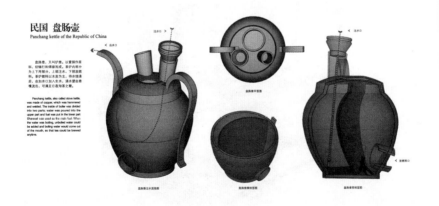

民国盘肠壶示意图

民国小茶炉

20世纪50年代产四桶茶叶揉捻机

七子茶饼

大茶饼

金瓜组合茶

20世纪50年代老茶包

云南茶

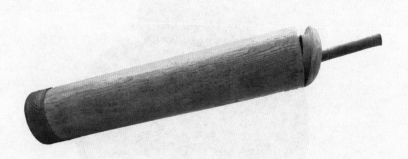

藏族酥油茶茶具

Tea Witticism

茶饮趣谈

官建文

编著

人民日报出版社

图书在版编目（CIP）数据

茶饮趣谈 / 官建文编著 . — 北京：人民日报出版社，2022.12
ISBN 978-7-5115-6633-1

Ⅰ . ①茶… Ⅱ . ①官… Ⅲ . ①茶文化—中国 Ⅳ .
① TS971.21

中国版本图书馆 CIP 数据核字（2022）第 211167 号

书　　名：茶饮趣谈
　　　　　CHAYIN QUTAN
作　　者：官建文

出 版 人：刘华新
责任编辑：陈　红　周玉玲
封面设计：刘　远

出版发行：**人民日报**出版社
社　　址：北京金台西路 2 号
邮政编码：100733
发行热线：（010）65369527　65369509　65369512　65363531
邮购热线：（010）65369530　65363527
编辑热线：（010）65369844
网　　址：www.peopledailypress.com
经　　销：新华书店
印　　刷：北京盛通印刷股份有限公司
法律顾问：北京科宇律师事务所　010-83622312

开　　本：880mm×1230mm　　1/32
字　　数：250 千字
印　　张：10.875
版次印次：2023 年 11 月第 1 版　　2023 年 11 月第 1 次印刷

书　　号：ISBN 978-7-5115-6633-1
定　　价：58.00 元

茶饮趣谈

目录

茶饮趣谈

序 言

i

vi

序言

茶中觅趣总关情

中国古人历来就有搜索奇闻逸事汇集成书的传统，可以让人在读正史外开拓视野，广博见识，兼有娱情悦兴之功。被称作"上古时期的百科全书"的《山海经》大概是最早的此类书籍。《山海经》与《易经》《黄帝内经》并称为上古三大奇书，相传为大禹与伯益所作，但这一说法并不可靠。

晋人张华的《博物志》是一部包罗万象的奇书，是博物类书籍最早的经典。东晋时期王嘉编写的《拾遗记》记录自上古庖牺氏、神农氏至东晋各代的历史异闻，还记录了昆仑等8个仙山。以后这类书就渐渐多了起来，所记之事并不刻意求真，但以广博有趣为要。

在茶事上开此先河的是茶圣陆羽，他在《茶经·七之事》中用了整整一章的篇幅记下了唐朝以前与饮茶相关的传说、典故，不仅提升了《茶经》的文学价值，也提升了其史料价值。应该说，后世茶书相关内容都是对七之事的完善与补充，其中以清人陆廷灿的《续茶经·七之事》最为完备。

陆廷灿，嗜茶，有"茶仙"之称。所著《续茶经》目录完全与《茶经》相同，此书对唐之后的茶事资料收罗宏富，并进行了考辨，虽名为"续"，实是一部完全独立的著述，极有价值。只是所收内容过杂，又没有进一步分类，再加上时代带来的隔阂感，给人一种可读性不强的遗憾。

茶友官兄，性爱茶，多年来从事文字工作，对茶中趣事情有独钟。多年来在典籍中搜奇集异，在生活中努力发掘，经过数年笔耕完成《茶饮趣谈》一书。读完此书稿，我很是赞叹。

我从事茶文化的研究与教学时，发现有些初学者对茶中趣事很感兴趣，并由此走上了习茶之路。但古代茶书不多，更没有此类专题性茶书。此类逸事散见于各类典籍之中，加上历史久远，文字晦涩，很不容易为今人理解，故作用不够彰显。

当代茶书属于井喷式爆发，各类茶书都有。这些茶书中也多会提到茶中的趣闻逸事，甚至有只知道一点儿传说就自由发挥者，许多知识点似是而非。聊天时引用，可资笑谈，教学时误用就是毒草了。我一直期待有一本于教学有益的"杂书"能够出现，但我知道此事不易。因为这类书审编若不严则无价值，审编若严则费时费力还不易落好。况且在选材上也是如同烹饪，百人百好，众口难调。说句老实话，这样的书对茶文化有深入研究的人往往不屑于去做，为其难以展现自己的才华；没研究的人却又无力去做，仅是那些典籍就很难读懂，何况还要根据整体构思去整理、提炼。本书作者对此命题有浓厚的兴趣，凭借多年文字工作的深厚功底，广泛搜集资料，经过数年努力，终于完成此书，亦是茶界一件幸事。

遍览此书，有几个特点：

其一，全书犹如一篇好的散文，形散而神聚，通过一些看似无关的传说与故事，若隐若现地勾勒出我国茶饮、茶文化发展、传播脉络。

其二，言之有物。本书在选材上尽可能注意到有趣、有味，更注意到对人心灵的影响和启迪。例如"文人茶趣"中的"茶酒争功"一篇。王敷的《茶酒论》是我们所讲的课程内容，并不太罕见。本书不仅缩编王敷的《茶酒论》，让大家更易理解，同时还介绍了我国藏族的《茶酒仙女》、布依族的《茶和酒》，日本的《酒茶论》，以及英国的《赞茶诗》。这就一下开阔了眼界，看到了文化的同源性与教化性。

其三，言之有据。这类书容易出现的问题就是只强调搜奇猎怪，而忽略真实性。本书在引用材料时努力做到广览博收且有依有据。例如"茶俗茶趣"部分，详细介绍各民族的茶俗，我自己读至此处也觉得有趣，其中"瑶族婚礼'开茶'"更是首次见到，很长知识。

其四，时见"春秋笔法"，暗寓作者的人生观与价值观。例如"宜茶水语"中"千里迢迢'水递'"，行文既隐含着批评唐宰相李德裕为喝上好茶，劳民伤财千里递水，又肯定他整体上为官清廉，是好官。再如对"酪奴"一词的点评，也有很深的意蕴。

其五，延伸阅读部分的设置极大开拓了读者的视野。例如，40余种茶碗阵的介绍就源于比较少见的《洪门志》一书。这样既节省了读者查阅资料的时间，又增加了本书的内在厚度。

官兄希望我挑出些书中的不足之处，体现了作者谦逊的心胸。若我勉力挑剔，会说此书广博有余，深度略为欠缺。例如，对"吃茶去"公案的描述和对《饮茶歌诮崔石使君》一诗的解读显得过于简单，这大概与作者对佛法教义了解不深有关。但是此书名为"茶饮趣谈",本不宜在教义问题上过于深入,由是,这也就不算什么不足了。

　　要言之,对喜爱茶、喜爱茶文化的人来说,《茶饮趣谈》是一本值得一读的好书。闲人有诗赞曰:

　　　　史海钩沉非易事,茶中觅趣总关情。

　　　　茗烟缥缈无寻处,回首相逢青霭中。

京华闲人于京华三韵轩

壬寅处暑

赵英立

茶史钩沉

茶史钩沉

茶史钩沉

茶之为饮，发乎神农氏，闻于鲁周公。[1]

〰〰 陆羽

周诗记苦荼，茗饮出近世。[2]

〰〰 苏东坡

1. 武阳买茶

我国最早记录茶叶交易的文字出现在西汉文学家王褒以戏谑笔调写成的一份契约——《僮约》[3]中。"武阳买茶"为《僮约》中的语句。

王褒是与扬雄齐名的西汉辞赋家，他留下《洞箫赋》等

1 | 语出陆羽《茶经》，意为认识茶从神农氏开始，鲁国的周公让茶广为人知。

2 | 语出苏东坡诗《问大冶长老乞桃花茶栽东坡》，意为诗经虽有"苦荼"记载（《诗经·邶风·谷风》：谁谓荼苦，其甘如荠），饮茶主要出现在近世。"茗饮"，即茶饮、饮茶。

3 | 僮，古代指未成年的奴仆。僮约，指跟未成年的奴仆签订的契约。

16篇辞赋。他于公元前90年生于现在的四川资阳，卒于公元前51年。王褒32岁那年，从资阳赶到成都，寓居于朋友家。朋友已经过世，其妻杨惠寡居，家里有个僮仆叫便了。王褒在朋友家住了一段时间，他常常叫便了去买酒。便了很不高兴，他觉得王褒是外人，无权使唤他，还觉得王褒跟女主人杨氏关系暧昧。因此，便了一有空就到主人墓前哭诉。

王褒知道后，很不高兴，他跟杨氏商量，花一万五千钱买下便了。便了虽不情愿做王褒的僮仆，但无可奈何。他想了想，提出：主人买我时是签了契约的，要我干什么事都写得清清楚楚。他的意思很明白：你王褒也写一份契约，将要他做的事写清楚。王褒擅长辞赋，一份《僮约》一挥而就。为了教训教训便了，让他服服帖帖，这份《僮约》把便了一天到晚的工作都安排得满满的。《僮约》约六百字，都是四六句，很有文采，其中不乏揶揄、幽默之句。《僮约》中有两处提到茶，即"脍鱼炰（fǒu，蒸煮）鳖，烹茶尽具"和"牵犬贩鹅，武阳买茶"。"烹茶尽具"意为煎好茶并备好洁净的茶具，"牵犬贩鹅，武阳买茶"就是说要遛狗、卖鸡鸭鹅之类的家禽，还要赶到邻县的武阳（今眉山市彭山区）去买茶叶。

这份《僮约》说明，早在西汉时期，成都地区就有茶叶交易了。另据成书于4世纪的《华阳国志·蜀志》记载："南安、武阳皆出名茶。"这就说明为什么要到武阳买茶了。王褒这份《僮约》无意中成了中国茶史上一份难得的史料。

美国茶学专家威廉·乌克斯在《茶叶全书》中说："5世纪时，茶叶渐为商品。""6世纪末，茶叶由药用转为饮品。"他肯定不知道王褒的这份《僮约》，《僮约》提到"武阳买茶"的时间是公元前 59 年，比《茶叶全书》说的公元前 5 世纪早了500 年。

2．最早的茶赋

我国最早的茶叶专著是《茶经》，最早的茶散文是晋代杜育的《荈[4]赋》。"荈"即茶。以下为《荈赋》全文：

灵山惟岳，奇产所钟。瞻彼卷阿，实曰夕阳。厥生荈草，弥谷被岗。承丰壤之滋润，受甘霖之霄降。月惟初秋，农功少休，结偶同旅，是采是求。水则岷方之注，挹彼清流；器择陶简，出自东瓯；酌之以匏，取式公刘。惟兹初成，沫沉华浮，焕如积雪，晔若春敷。若乃淳染真辰，色绩青霜，白黄若虚。调神和内，倦解慵除。

"灵山惟岳……受甘霖之霄降"，写茶叶的生长环境。

"月惟初秋，农功少休"，指出茶叶采摘的时节。

"结偶同旅，是采是求"，描写采茶的情境。

"岷方""清流"，点出煮茶对水的选择。

"陶简""东瓯""酌之以匏"，写出烹茶对器具的选择。

"沫沉华浮，焕如积雪"，描述了茶汤的状态。

"调神和内，倦解慵除"，点明了饮茶的功效。

这篇赋文的大意如下：

高耸挺拔的灵山，盛产奇物珍品；看那巍峨迤逦的山麓，映照于夕阳之下；野生蔓长的葱翠茶树，挤满山谷披满山岗，

4｜荈，音 chuǎn，茶的老叶，粗茶。

得到肥土沃壤的滋润，获得朝露晚雾之沐浴。初秋时节，农事稍闲，邀朋携友，结伴同行，快采快摘，嫩茶盈筐。烹茶，取注入岷江之山泉，汲江河中流之清溪；茶具，精选越州生产的陶瓷碗盏；用葫芦瓢盛水，按先贤公刘的方法烹煮香茶。煮好的茶汤，茶沫如浮花，茶色似积雪，就像春天草木光鲜亮丽。茶，色如青霜，芳香醇厚，优异品性深藏不显，饮茶能调理肠胃、消除疲倦、消滞除胀。

很明显，《荈赋》是我国茶叶史上第一篇完整记载茶从种植到品饮全过程的作品。它以音韵和谐、抑扬顿挫的四六骈文，第一次全面而准确地叙述了茶树种植、培育、采摘、器具、烹煮等茶事活动，其学术价值超过了它的文学价值。

3．煎茶法

煎茶法是唐代陆羽总结发明的烹煮茶的方法。陆羽之前，流行的烹茶方式是痷茶和茗粥。茗粥就是茶粥，是将茶与葱、姜、枣、橘皮、茱萸、薄荷等一起煮成粥状来喝。《唐本草》载："茶作饮，加茱萸、葱、姜良。"痷茶是什么？陆羽《茶经·六之饮》说，将粗茶、散茶、末茶、饼茶弄碎了，放到瓶罐之中，用开水冲下去，这就是"痷茶"。[5] 痷，音 ān，浮泛之意。这很像后来的冲泡茶，不过，痷茶冲泡的是茶末、茶粉，冲泡茶冲泡的却是茶叶。

---

5 |《茶经》原文为："贮于瓶缶之中，以汤沃焉，谓之痷茶。"

陆羽很喜欢喝茶，不过，他认为传统的烹茶方法不好，那种去掉茶沫的办法等于丢掉了茶的精华，而将茶与姜、枣、橘皮等熬煮，就像沟渠水一样难喝。于是他潜心研究茶的种植、采摘、加工、烹煮，创立了煎茶法。

煎茶法，简单说是将茶饼烘烤后碾成粉末，将细细的茶末放到水中煮了喝，不加任何东西。陆羽经过反复试验、比较研究，把整个煎茶过程分解为十数道工序。要煎出好的茶汤，每道工序都要按具体操作要求去做。他发明了24种茶具，让煎茶有器可用、有规可循。

煎茶法至少包括如下环节：烤茶、碾茶、罗茶、投茶、备柴、备器、备水、煮水、分茶、饮用等。一些环节，规程复杂、技术性强。煎茶法使用饼茶，首先需要炙烤茶饼，茶饼受火要均匀。陆羽认为茶饼烤得像蛤蟆背那样突起一个个小疙瘩，不再冒湿气，散发出清香，才算烤好了。烤过的茶，要放入特定的容器里，密封好，以防香气散失。使用时，要用茶碾把烤过的茶碾成粉末，再用茶罗过筛，筛出细细的茶粉备用。陆羽对燃料和水都做了对比实验，他认为燃料最好用炭，或者硬木柴，不能用茅草和有气味的木柴；水，最好是石上漫流的山泉水，江河中间清澈的水也行，井水则使用很多人都在汲取的井水。

煎茶时，水沸程度也颇有讲究，须恰到好处。陆羽强调煎茶要用三沸水。水沸腾之前，锅中发出轻微的响声，水中冒出鱼眼睛一般大小的气泡，为一沸水；锅的边缘涌出成串的水泡，为二沸水；水在锅里沸腾翻滚，为三沸水。一沸时放盐；二沸时投入茶末，投茶末之前先取出一瓢水，放在一边凉着，投茶末时用竹夹在锅中心搅动，边搅动边把茶末投入锅的中心；三沸时，要将二沸时取出的一瓢水倒入锅里，让水不再继续沸腾，此时茶就煎好了。

分茶时，要将浮在茶汤表面的沫饽均匀地分到碗中。陆羽认为，沫饽是茶之精华，轻者为沫，重者为饽。沫饽又细又轻如枣花漂在茶汤上，像池塘里漂移的浮萍，如爽朗晴空中鱼鳞般的浮云，那就煎出上等好茶了。

4. 阳羡茶会

阳羡茶会，是唐朝时在今天的江苏、浙江两省交界处举办的贡茶采摘、制作督办盛会。江苏宜兴，秦汉、两晋时期叫阳羡，隋朝改为义兴，宋朝避皇帝讳改名宜兴。浙江长兴，唐朝时期就叫长兴。宜兴与长兴两县相邻，历朝历代都归属不同的州郡管辖。唐朝时，两县都产贡茶，宜兴入贡阳羡茶，长兴入贡顾渚紫笋茶。每年清明前后，两县兴师动众、夜以继日制造贡茶，然后快马加鞭送往长安，让皇帝皇后及皇亲国戚享用新茶。当时，宜兴属常州郡，长兴属湖州郡[6]，两郡的太守和县官不敢有丝毫马虎、懈怠，他们在两县交界处搭建起境会亭，邀请社会名流、文人骚客品尝、审鉴贡茶，饮酒作乐，督办贡茶采摘、制作。当时制茶需经过蒸清、压模等多道工序，而且贡茶制作必须用上等好水。顾渚山下的金沙泉不仅水质特优，而

---

6 | 唐朝的行政区，武则天之前称"州"，武则天之后改称"郡"。

且制作贡茶时泉水涌出，制茶完毕即枯竭，仿佛专为贡茶而生。诗人杜牧的《题茶山》诗专门写到这神奇的金沙泉。

大诗人白居易曾受邀参加阳羡茶会，可惜他病了，不能赴此盛会，但他留下了名作《夜闻贾常州崔湖州茶山境会想羡欢宴因寄此诗》。诗云："遥闻境会茶山夜，珠翠歌钟俱绕身。盘下中分两州界，灯前合作一家春。青娥递舞应争妙，紫笋齐尝各斗新。自叹花时北窗下，蒲黄酒对病眠人。"从白居易的诗可以看出，常州郡的贾太守、湖州郡的崔太守都亲临境会亭，茶山夜"珠翠歌钟""青娥递舞"，热闹非凡；两郡虽然各造贡茶，互相"斗新"，但为了同一目的，"合作一家春"。白居易在诗中表达了对朋友欢宴品茶的羡慕，也对自己正依赖"蒲黄酒"治病而未能赴会感到遗憾。

延伸阅读

题茶山

（唐）杜牧

山实东吴秀，茶称瑞草魁。

剖符虽俗吏，修贡亦仙才。

溪尽停蛮棹，旗张卓翠苔。

柳村穿窈窕，松涧渡喧豗。

等级云峰峻，宽平洞府开。

拂天闻笑语，特地见楼台。

泉嫩黄金涌，牙香紫璧裁。

（山有金沙泉，修贡出，罢贡即绝）

拜章期沃日，轻骑疾奔雷。

舞袖岚侵涧，歌声谷答回。

磬音藏叶鸟，雪艳照潭梅。

好是全家到，兼为奉诏来。

树阴香作帐，花径落成堆。

景物残三月，登临怆一杯。

重游难自克，俯首入尘埃。

5. 陆羽: 弃婴成茶圣

陆羽，在我国被尊称为茶神、茶圣、茶仙，他的著作颇多，但流传下来的主要是《茶经》，这是中国也是世界上第一本茶叶专著，历代的茶学著作汇编都将《茶经》置于篇首，它至今仍是茶人的必读书。

这么伟大的人物，却是弃婴，既无姓也无名。733 年的某日，大唐复州竟陵[7]龙盖寺僧人智积晨起，听到西湖之滨群雁异于平常地喧叫，便走过去，原来湖畔有一弃婴，他抱了回来。佛门无法哺育婴儿，便托老友李孺公夫人哺乳养育。三岁时方接回寺院。

陆羽的姓名，源于他自己用《易》占卜得"蹇"之"渐"卦："鸿渐于陆，其羽可用为仪"，因此以陆为姓，名羽，字鸿

7 | 复州，古代州名，最早在南北朝时期的北周开始设置。唐时复州辖今湖北仙桃、天门、监利等市县。竟陵为复州所辖县，在今湖北天门。

渐。他后来还用了其他名、字、号，如名疾，字季痴，号竟陵子、桑苎翁、东冈子、茶山御史等。

陆羽从小好学，有主见，有反叛精神。智积禅师亲自为陆羽做启蒙教育，亲授他佛学禅理，希望他继承自己的衣钵。陆羽在寺院做茶童，为师傅煎茶，但不愿事佛，执意要读儒家的书。智积禅师很生气，罚他扫地、清洁厕所、刷墙，让他养30头牛。陆羽还是要读书、识字，没有纸，他用竹枝在牛背上写字。他从一位学者那里得到张衡的《南都赋》，许多字不认识，他就模仿私塾学童的样子，正襟危坐，嘴不停地动。禅师知道后，担心他受杂书影响，远离佛道，就把他关在寺院里，做剪枝除草之类的事，还让一名徒弟的长辈来管束他。这段时间，陆羽看上去常常精神恍惚，或呆头呆脑（实际上他是在用心记书中的文字），整天做不了多少事，管束他的人用树枝抽打他。陆羽悲叹："再不读书就老了！"管束他的人以为他要反抗，再次抽打他，直至树枝折断。

陆羽厌倦了，逃出了寺院。

陆羽虽然不满意师傅逼迫他学佛，但还是很感恩智积禅师的。790年，陆羽在饶州（今江西上饶）居所惊悉智积禅师圆寂，十分悲痛。因路途遥远，无法赶回去为恩师送葬，便作了《六羡歌》缅怀恩师，表达志向。

离开寺院后，陆羽参加了一个戏班子，演滑稽戏，还编了《谑谈》三篇，演参军戏。竟陵[8]太守李齐物见到陆羽，很是欣赏，亲自送他诗集。

后来，陆羽随一位隐士求学。再后来，遇到被贬至竟陵的礼部员外郎崔国辅，崔国辅将陆羽留在身边。陆羽跟随他游历三年，到过许多地方，见识大长。

760 年后，陆羽主要活动于长江下游的江苏、浙江、江西一带，结交天下友人，访茶问泉，与友品茗、识茶、问道。陆羽每到一处，必定随身带上笔床和茶灶，把喝茶品泉心得都记录下来。他曾隐居浙江苕溪，专心著述；他亲植茶园，细观茶的生长变化。其间，他完成了我国茶文化的开山之作《茶经》，全面地介绍了茶的历史、种植、加工、烹煮、品鉴以及泉水的选择，他发明了煎茶法，创制了 24 种茶具。

780—783 年，唐朝皇帝下诏拜陆羽为太子文学，后又迁太常寺太祝，他均未就任。

804 年，陆羽去世，享年 71 岁。

6. 陆羽《毁茶论》

撰写过《茶经》一书的茶圣陆羽，还写过《毁茶论》，嗜茶、爱茶、研究茶、赞美茶的人，竟要毁茶，这究竟是为什么？《毁茶论》已佚失，一行文字都未传下来，陆羽的"毁茶"到底是什么意思？后世有各种猜测和解读。

关于《毁茶论》的写作缘由，一般是说陆羽被李季卿羞辱后而写。李季卿是唐玄宗时的宰相李适之的儿子，当过吏部侍郎兼御史大夫，也喜好喝茶。宋代陈师道在《茶经·序》中说："史称，羽持具饮李季卿，季卿不为宾主，又著论以毁之。"与陆羽大体同时代的封演在《封氏闻见记》中记载："御史大夫李季卿宣慰江南，至临淮（安徽泗县东南）县馆，或言伯熊善茶者，李公请为之。伯熊著黄被衫、乌纱帽，手执茶器，口通茶名，区分指点，左右刮目。茶熟，李公为啜两杯而止。既到江外，又言鸿渐能茶者，李公复请为之。鸿渐身衣野服，随茶具而入。既坐，教摊如伯熊故事，李公心鄙之。茶毕，命奴子取钱三十文，酬茶博士。鸿渐游介通狎胜流，及此羞愧，复著《毁茶论》。"这两段记录都是说陆羽有愧，写出了《毁茶论》。

明代龙膺在《蒙史》中说陆羽并无愧疚，他瞧不起李季卿：陆羽平素就在长江沿岸一带活动，他与名流交往频繁，于是收下李季卿给的三十文茶钱，奔跳着离开，旁若无人，眼里根本就没有李季卿似的。

比陆羽稍晚一些的张又新，写了篇《煎茶水记》，其中说李季卿在湖州任刺史时把陆羽请来煎茶，让军士到扬子江取来煎茶好水南泠水。军士到江中取了南泠水后，因浪急船晃，水少了一半，便在江边添满了水。陆羽分辨出桶上面是江边水，下面才是南泠水，令李季卿大为惊骇。随后，李季卿请陆羽列出煎茶的好水。张又新详细记载了陆羽说出的20种水。

如果这些记载都是真实的，李季卿与陆羽至少打了两次交道。陆羽辨水显然在前（李季卿任湖州刺史时），被羞辱在后（李季卿作为御史大夫宣慰江南时）。

关于《毁茶论》，还有几种说法：第一种说法，陆羽自我诋毁，宣布《茶经》作废，这是将"茶"理解为《茶经》。第二种说法，陆羽后悔自己不懂社交礼仪，有失雅士风度（如陈师道、封演所记）。第三种说法，陆羽发现没有好茶而毁茶，明人陈继儒作《茶董小序》云："今旗枪标格，天然色香映发。

岅为冠，他山辅之，恨苏、黄不及见。若陆季疵复生，忍作
《毁茶论》乎？"照陈继儒的解释，陆羽似乎是因无好茶而要
"毁茶"。第四种说法，《毁茶论》应理解为《论毁坏茶道的行
径》，认为自己的煎茶法是正道，其他都非正道。

7. 茶马古道

茶马古道是唐朝之后随着茶马互市（以茶换马或以马换
茶）的兴起而出现的连接西藏地区与内地的物资运输通道。

饮茶在唐代传入西藏，开始只在上层人士中流传，很快就
普及到所有藏区。因为藏民以肉食乳饮为主，茶叶富含多种维
生素和微量元素，具有助消化、解油腻的特殊功效，藏民生活
越来越离不开茶，正所谓"宁可三日无粮，不可一日无茶"。
不仅家家户户需要茶，寺庙需求量更大，一个寺庙动辄几千
人，有的寺庙每天要用直径 2 米左右的大锅来煮酥油茶。

藏区需要大量茶但不产茶，历代如唐宋明清，战争需要大
量马匹而自己养殖的马量少质差，"茶马互市"就这样形成了。
宋朝曾在今陕西、云南一带设立多个茶马司，专司以茶换马之
职。为确保茶马互市，官方垄断茶叶经营。走私茶叶，严重的
处以死刑。

明代郎瑛《七修类稿》记载，明朝洪武年间，上马换 120
斤茶，中马换 70 斤，下马换 50 斤，洪武二十三年（1390 年），
政府共换马 14051 匹。怎样辨别马的优劣呢？明朝的姚士麟
《见只编》中说：从马的眼珠中看人，能见全身的，是年轻的
马；照半身的，是十岁马。取马毛附于掌中，马毛相粘的，是

无病之马。

  茶马古道是驱赶马匹的通道，更是向藏区运送茶叶、盐等物资的通道。主要有三条：陕甘茶马古道，从今陕西经甘肃到达西藏；陕康藏茶马古道，从今陕西经西康（康巴藏区）进入西藏；滇藏茶马古道，从云南进入西藏。当然，广义的茶马古道可以理解为：以我国西南为出发点，以马为主要交通工具的民间边境运输或国际运输通道。

  唐末宋初直至清朝（元朝不需要藏区的马匹），藏区需茶，内地需马，茶马互市持续不断。藏族史诗《格萨尔王传》中的《汉与岭》⁹唱道："曲子对着大地唱，大地神祇遂心意。加岭两地常和好，香茶骏马常交易。"甘孜藏族作家亮炯·朗萨记录了一首流传已久的康藏南路民歌，这首民歌生动地记录了汉藏间茶马互市的情景：

    茶叶最先出在哪里？

    最先出在东边汉地。

    三个汉族子孙种的茶，

    三个汉族姑娘采的茶。

    雪白铜锅烘出来的茶，

    商人洛布桑批买来的茶。

    骏马和皮毛药材换来的茶，

    驮夫翁塔桑穆驮来的茶。

---

9 | 《汉与岭》又译《加与岭》，"加"是"加那"的简称，梵语"支那"的变音，指汉族或汉地；"岭"是萨格尔统领地区"岭尕"的简称，指藏族或藏地。

渡过大江小河的茶，

翻过高山峻岭的茶。

8.“竹木茶漆尽税之”

春秋时齐国宰相管仲首次开征盐税，汉武帝则搞酒专卖，设酒税，唐朝开始征茶税。

对茶叶征税，始于唐朝德宗皇帝李适。《旧唐书》卷四九《食货志（下）》记载，唐德宗建中三年（782 年）“竹木茶漆尽税之，茶之有税肇于此矣”。当时的茶税是十取一，即税率 10%，是相当高的。此后千余年，对茶叶，有加税，有减税，有停止收税的，不过都比较短暂，大部分时间都按 10% 的税率收取。除此之外，还有多种名目的“乱收费”，如“踏地钱”（相当于后世的“买路钱”）、“剩茶钱”（每斤茶增税五钱，谓之“剩茶钱”）、“茶引”（需花钱购买按量计算的运销凭证），等等。

到宋朝嘉祐年间（1056 —1063 年），一年茶税收 38 万缗[10]，到崇宁年间（1102 —1106 年），岁入 200 万缗，是嘉祐年间的五倍。

9. 榷茶

榷，多义词，有“专卖”之意。榷茶是一种茶叶专卖制度，始于唐朝。《旧唐书·穆宗本纪》记载，长庆元年（821

10 | 缗，音 mín，同贯，一千钱称一缗，也叫一贯。

年），"加茶榷，旧额百文，更加五十文"。这表明此时中国某些地区已开始实行茶叶专卖制度。唐文宗太和九年（835 年），王涯做宰相时，大力推行榷茶，并且兼任榷茶使。到唐武宗（841—846 年）时，茶叶贸易全由官府经营，禁止私卖。

宋朝大力发展茶叶种植，推行榷茶法，禁止私卖，同时在西南边境推行茶马互市，以茶换战马。据《宋会要·兵》记载，买马经费主要来源于茶、布、帛等税收，宋高宗（1127—1162 年）末年国家财政收入为 5940 余万贯，茶税等占 6.4%；宋孝宗（1163—1189 年）时收 6530 余万贯，茶税等收入占 12%，茶叶专卖可获得很高的利益。

宋朝的茶叶专卖，有多种方式，不同时期也有所不同，除官家经营茶园、专卖外，商人贩销茶叶，要购买"茶引""由贴"，每件"茶引""由贴"只能销售一定数量的茶叶。走私茶叶，重罚。朱元璋驸马欧阳伦因走私茶叶被赐死，一批地方官因未能发现或不举报欧阳伦走私，受到重罚。

延伸阅读

张忠定毁茶植桑

北宋时，张忠定在湖北路的崇阳当县令，认为茶虽有厚利，但都被官府取走了，茶农收入微薄，就让农民弃茶种桑，农民开始不愿意。后来政府实行茶叶专卖，茶园实行官营，其他县农民都失去主业，崇阳县的桑蚕已形成产业，一年织绢百万匹。北宋陈师道《后山谈丛》对此有记载；南宋朱熹、李幼武将张忠定毁茶植桑之事收入《宋名臣言行录》。

10．三才碗

"三才碗"，又叫"三才杯"，由茶碗、茶盖、茶托儿三件组成。它的发明人是谁？唐人笔记《资暇集》说是蜀相崔宁之女在唐朝建中年间（780—783年）发明：崔宁的女儿喜欢喝茶，茶碗没有承托，容易烫手，她就拿个碟子来托着。这样虽然不烫手了，但茶碗容易在碟子中晃动，茶水容易溢出来。她取来一些蜡，熔成蜡环，放在碟子中央，这样就把茶碗固定住了。后来，她让工匠以漆木代替蜡环，并将之进献给她当蜀相的父亲。她的父亲认为很好，把它叫作"三才碗"，寓意天地人哲理，盖为天，托为地，人为碗，天地人和。蜀相崔宁首先在宾客中宣传推广，后来广为流传，出现了各种各样底部带环的茶托子。

不过，后来考古发现茶托起源于晋代，流行于南北朝。是否是崔宁之女发明的？存疑。

11．点茶

"唐煎宋点明冲泡"，这话准确说出了我国古代饮茶方式的变迁。

唐之前是煮茶，将茶和其他食材放入锅中，像煮粥一般，因此有"茗粥"之说。陆羽发明了煎茶法，创制了一整套茶具，撰写《茶经》。煎茶其实还是煮茶，只不过方法不同，工序更多罢了。陆羽生于733年，煎茶法产生于8世纪下半叶。点茶法则可能出现于唐朝末期，最晚出现于五代，大行于宋朝。点茶是严格、复杂的茶艺，日本茶道的源头即宋代的点茶。当今流行的冲泡饮茶，是在明代才出现的。

点，是将沸水注入茶盏中。不过，"点"的程序非常复杂，很讲究技巧。从程序上讲至少包括这样几道：炙烤茶饼、碾磨茶饼、熁（xié，烤）盏、调膏、注汤、击拂等。

点茶是一项技术活。能否点出好茶，茶和水的品质重要，点茶的技巧更重要。前面说的每一个环节都有技巧，技术掌握不好，点不出好茶。

炙烤茶饼。茶饼在碾磨前需要炙烤，炙烤要适度，炙烤不充分碾磨不出好茶末，炙烤过度茶饼会变焦黄，影响茶味。

碾磨茶饼。要碾磨得细而且均匀。粗了茶末不上浮，碾得不均匀沉渣太多、乳面不厚实。碾磨后要用茶罗把茶末筛一遍，细的留下，粗的再碾或丢弃。点茶需要碾得极细的茶末。茶要即碾即用，过夜的茶末，茶色昏暗。

熁盏：熁，是烤；熁盏，本意用火烤茶盏（碗），实际操作应是用热水烫。熁盏不是简单地烫一烫，而是要让茶盏在注汤时仍保持适当的温度。因为在注汤、击拂时，茶盏过热或者过凉，都点不出好茶。实际操作中，茶盏很少会过热，一般是太凉了。明朝屠隆在《茶笺》中说："大凡点茶，都必须烤或烫茶碗，茶碗热，茶汤表面聚集乳白色的茶沫；茶碗凉，茶沫不上浮，茶色不好看。"[11]茶碗厚实，烤、烫后才不容易凉。宋人点茶，一般用福建建安所造的较为厚实的绀黑色

---

11 | 《茶笺》原文为："凡点茶，必须熁盏，令热则茶面聚乳；冷则茶色不浮。"

的兔毫盏。

调膏：将茶末放入茶盏，注入少量热水，加以搅动。《大观茶论》说调膏要"量茶受汤，调如融胶"；宋朝蔡襄《茶录》说"钞茶一钱匕 *12*，先注汤调令极匀"。这都是说，调膏时茶末与水的比例要适当，要调得像融胶那样极均匀而且有一定的浓度和黏度。

注汤：将沸水注入已调膏的茶碗。水温要合适，开水不能"嫩"也不能"老" *13*。蔡襄在《茶录》中说："候汤最难，未熟则沫浮，过熟则茶沉。"意思是：水滚开程度不够，茶沫漂在水面；滚开程度过度，茶沫下沉，都达不到茶沫与水的交融程度。为了得到温度适合的汤，烧水的燃料，不可用一般木柴，要用炭，而且须硬木烧制的炭。烧水最好用"三炭"，即底火、初炭（第一次添炭）、后炭（第二次也是最后一次添炭）。注汤的方式方法特有讲究，《大观茶论》说要"环注盏畔，勿使浸茶"，意思是说：沸水要沿着茶盏边缘"环注"下去，不能直接冲到茶末上。

击拂：用茶筅在茶碗中搅动。茶筅是用老竹做成的，状如扫帚，与茶汤接触部位细如丝。茶筅选材、加工很讲究。《大观茶论》认为，茶筅"身欲厚重，筅欲疏劲"，意思是说：茶筅要有一定重量，筅丝要稀疏而有劲道，"如剑脊之状"，不能太粗太软。搅动的动作、手腕的运行也很讲究技法：手重筅

---

12 ｜ 合2克多。

13 ｜ 嫩、老分别指不够滚开、滚开得过久了。按陆羽三沸之说，一沸、二沸水属嫩汤，三沸以后的水就老了。

轻，击拂无力；手筅俱重，指腕不圆，都不是好的击拂。按《大观茶论》的要求，一汤、二汤、三汤，注汤方式与击拂方法是有区别的。一汤，注汤需"环注盏畔"，开水从茶碗周边注入，击拂"势不欲猛，须先搅动茶膏，渐加击拂，手轻筅重，指绕腕旋，上下透彻"。二汤，注汤时要"自茶面注入，周回一线，急注急止"，击拂要有力，茶汤表面不能晃动太厉害。三汤，击拂要"渐贵轻均，周环旋复"。每次注汤，开水分三次注入茶盏，每次开水注入茶盏的位置、角度都不相同，用茶筅搅拌的方式、力度、频率也不一样。这样看来，点出好茶的难度系数是相当高的。

点出什么样的茶才是好茶呢？那就是：色香味俱佳。点茶讲究的"色"与现在的茶色不同，茶沫上浮，形成粥面，且要均匀，最好呈白色，如"疏星皎月，灿然而生"。蔡襄《茶录》说："汤上盏，可四分[14]则止，视其面色鲜白，著盏无水痕为绝佳。"蔡襄的意思是：分茶到茶碗，不可过满，离碗沿 4 分（一厘米多）合适，茶汤表面鲜白如乳，茶碗边缘没有水痕才是最好的。

宋代点茶，王公贵族都用福建建安生产的兔毫盏，呈绀黑色。盏黑茶白，对比鲜明。蔡襄在《茶录》中说：茶汤呈白色，适合用黑色的茶碗。建安产茶碗，绀黑色，有兔毛纹，碗壁稍厚实，烫热后不容易凉，是最合适的。其他地方产的茶碗，要么太薄，要么颜色发紫，都比不上建安产的兔毫盏。至

---

14 ｜ 离盏上沿4分，约1.25厘米。

于青白色的茶碗，斗茶的人根本不会用。[15]陆游《烹茶》诗"兔瓯试玉尘，香色两超胜"，写的正是用绀黑色的兔毫盏盛白色的茶汤，才"香色两超胜"。

色佳，还包括没有"水脚"。水脚指点茶激发起的沫饽消失后在茶盏壁上留下的水痕。茶盏留下水痕，说明茶汤不够清澈纯正，也有碍观瞻。蔡襄《茶录》说："建安斗试，以水痕先者为负，而久者为胜，故较胜负之说，相去一水两水。"这就是说，斗茶的评判标准之一是看茶盏有无水痕，先出现水痕为负；胜负之差，用胜一水痕两水痕来表示——这有些像现代的高尔夫球赛，以一杆两杆……决胜负。

香——点茶要求"入盏则馨香四达，秋爽洒然"[16]。

味——点茶要求茶汁"甘香重滑"[17]，味醇而有风骨，微涩微苦皆不坏。

除了上述各种技巧，点茶的优劣还与茶的生产、加工、储藏等有关，宋代黄儒《品茶要录》从茶叶采摘时间、方式、烘焙等诸多环节分析茶与汤色香味的关系。他说：茶汤表面鲜白似乳，碗面上像覆盖了一层薄薄的雾，那是采摘于最佳时辰的

---

15 | 原文为："茶色白，宜黑盏，建安所造者，绀黑，纹如兔毫，其坯微厚，熁之久热难冷，最为要用。出他处者，或薄或色紫，皆不及也。其青白盏，斗试家自不用。"

16 | 语出（宋）赵佶《大观茶论》。

17 | 语出（宋）赵佶《大观茶论》，原文："夫茶以味为上，甘香重滑，为味之全。"甘，指茶汤甘甜，回甘；香，指茶汤馨香浓郁；重，指茶汤口感醇厚、饱满；滑，指茶汤入口稠滑，不涩口。

茶。雨天采摘、加工，或天气异常炎热时采摘，茶色不够鲜白，在茶碗上留下的水脚微微泛红。烘焙过度的茶：茶色昏红，有焦味。

12. 茗战

斗茶，是比赛谁点的茶更好，也就是点茶比赛。相比于斗鸡、斗牛、斗蟋蟀，"斗茶"当然文雅多了。正式斗茶，会有评委，从色香味等多方面来品评；非正式的，则由参赛者及旁观好友评鉴。宋代曾慥（zào）在《茶录》中说："建人谓斗茶为茗战。"建人：建州人，故治在今福建建瓯。

北宋诗人唐庚写有《斗茶记》，不过没写斗茶经过，没写怎么个"斗"法。范仲淹《斗茶歌》长诗有"黄金碾畔绿尘飞，碧玉瓯中翠涛起。斗茶味兮轻醍醐，斗茶香兮薄兰芷。其间品第胡能欺，十目视而十手指。胜若登仙不可攀，输同降将无穷耻"。他描述了斗茶现场、斗品的表现、品评的内容和胜败带来的巨大影响——斗茶失败，像打了败仗而投降的将军，带来无穷的耻辱。但是，范仲淹也没写怎么比赛、怎么斗茶，怎么评判。

关于斗茶，北宋江休复的《嘉祐杂志》记载了当时的一件趣事，苏舜元跟蔡君谟斗茶。蔡君谟的茶好，用的是上好的惠山泉水，但还是输给了苏舜元，为什么呢？苏舜元的茶不够好，但用的是天台上的竹沥水，赢了。竹沥水，是砍断竹梢，弯曲竹竿，取出竹节中的水。[18]"曲而取之盈瓮"，把竹子

---

18 | 另一种说法是：苏舜元用的是竹露而非竹沥水。

弯下来，能装满一罐。竹沥水如果掺了别的水，就点不出好茶来了。

延伸阅读

斗茶歌(《和璋岷从事斗茶歌》)

(宋)范仲淹

年年春自东南来，建溪先暖冰微开。

溪边奇茗冠天下，武夷仙人从古栽。

新雷昨夜发何处，家家嬉笑穿云去。

露芽错落一番荣，缀玉含珠散嘉树。

终朝采掇未盈襜，唯求精粹不敢贪。

研膏焙乳有雅制，方中主分圆中蟾。

北苑将期献天子，林下雄豪先斗美。

鼎磨云外首山铜，瓶携江上中泠水。

黄金碾畔绿尘飞，碧玉[19]瓯中翠涛起。

斗茶味兮轻醍醐，斗茶香兮薄兰芷。

其间品第胡能欺，十目视而十手指。

胜若登仙不可攀，输同降将无穷耻。

于嗟天产石上英，论功不愧阶前蓂。

众人之浊我可清，千日之醉我可醒。

屈原试与招魂魄，刘伶却得闻雷霆。

卢仝敢不歌，陆羽须作经。

---

19 | 一作"紫玉"。

森然万象中，焉知无茶星。

商山丈人休茹芝，首阳先生休采薇。

长安酒价减百万，成都药市无光辉。

不如仙山一啜好，泠然便欲乘风飞。

君莫羡花间女郎只斗草，赢得珠玑满斗归。

13．龙脑和膏

龙脑，是一种香料，又叫龙脑香。"龙脑和膏"指在制作茶膏时加入微量龙脑香。宋代赵汝砺《北苑别录》记载："正贡：不入脑子上品拣芽小龙，一千二百片。六水，十宿火。"

这是什么意思？这里记录的是当时建州北苑贡茶的制作及进贡量。唐朝时，贡茶产、焙都在湖州的顾渚山；五代起，贡茶的焙制移到了福建建安（今福建建瓯）；两宋时期，贡茶主要产、焙自福建北苑凤凰山一带。唐宋时期，鲜茶叶都需经过蒸压，入瓦盆兑水研成茶膏，再压成茶饼，所以叫团茶、茶饼。一饼叫一片。六水，是在研制茶膏时兑入六次水；十宿火，是烘焙十个晚上。那时，研制茶膏，最多兑十六次水，烘焙最多的达十五个晚上。

那么，"不入脑子"是何意？入脑子，又叫"入香"。"龙脑和膏"，是在研制茶膏时加入微量龙脑香料，以增加茶的香味。加入香料的叫"入脑子"，不加入的叫"不入脑子"。

这样，研制茶膏时加入香料的过程就有了一个很雅的名称：龙脑和膏。

延伸阅读

建安民间茶不入香

（宋）蔡襄《茶录》

茶有真香。而入贡者微以龙脑和膏，欲助其香。建安民间试茶皆不入香，恐夺其真。

14. 灉湖含膏

"灉（yōng）湖含膏"，是一种茶，听起来很美吧？

北宋范致明在他的《岳阳风土记》中说：灉湖，在岳阳南，冬春季节干涸，以前叫干湖，《水经》中叫㶚（wěng）湖。灉湖各山旧时都产茶，叫灉湖茶，唐朝人李肇所说的岳州灉湖含膏就是这里产的茶。唐朝人极为看重这里的茶，一些文章中有记载。如今，这里的人不大种茶了，只有白鹤那里的僧园种了千余株。这里的土质跟福建北苑相近，但一年产茶不过一二十两，当地人叫白鹤茶，极其甘香，其他地方的茶无法与之相比，可惜当地人不怎么种植了。[20]

唐时，灉湖含膏茶是作为贡品送到皇宫享用的。李肇在

---

20 | 《岳阳风土记》原文为："灉湖诸山旧出茶，谓之灉湖茶，李肇所谓岳州灉湖之含膏也。唐人极重之，见于篇什。今人不甚种植，惟白鹤僧园有千余，本土地颇类北苑，所出茶一岁不过一二十两，土人谓之白鹤茶，味极甘香，非他处草茶可比并，茶园地色亦相类，但土人不甚植尔。"

《唐国史补》中说:"风俗贵茶,茶之名品盖众……湖南有衡山,岳州有灉湖之含膏。"据说,文成公主入藏所带茶叶即灉湖含膏。"膏"指脂肪油脂之类,或指膏状物。用"含膏"形容茶、命名茶,寓意此茶丰腴浓郁。可惜,到了宋朝,灉湖一带已不种茶了,仅某个僧园种植少量,一年不过产茶一二十两。不过,21世纪以来,当地人又发掘出了"灉湖含膏"。

15．蜡面茶

蜡面茶,宋人时兴点茶,因为在点试茶汤时茶汁白如熔蜡,因此叫蜡面茶,又称腊茶。南宋的程大昌在《演繁露续集》中说:"建茶(福建建州茶)名腊茶,为其乳泛汤面,与熔蜡相似,故名蜡面茶也。"

蜡面茶不应写为腊面茶。《杨文公谈苑》说,"江左方有蜡面之号",现在的人多把"蜡"写作"腊",取其产于早春之义,这是错的。

宋代的时候,很多茶名都带"白""乳"字,如"石乳""的乳""白乳""头乳"等。正因如此,欧阳修《次韵再作》诗有:"泛之白花如粉乳,乍见紫面生光华。"

16．骑火茶

清乾隆皇帝第一次南巡杭州时,在西湖天竺观看了龙井茶的采摘、炒制过程,写了首《观采茶作歌》,诗曰:"火前嫩,火后老,惟有骑火品最好。"五代人毛文锡《茶谱》载:"龙安有骑火茶，最上，言不在火前、不在火后作也。清明改火，故曰骑火。"

骑火茶即清明当天采摘的茶。现在有明前茶、清明茶、明后茶之说，古时叫火前火后茶。古代钻木取火，四季换用不同木材，称为改火，又称改木。《论语集解》引马融的话说："《逸周书·月令》有改火的文字。春天用榆树、柳树钻木取火；夏天用枣树、杏树取火，夏末用桑树、柘树取火；秋天用柞树、楢树取火；冬天拿槐树、檀树来钻木取火。一年之中，钻木取火所用的木头不同，因此叫改火。"[21] 唐宋时期，清明节当天，皇上赐百官新火，这是沿用周的旧制。

毛文锡《茶谱》引《事类赋注》："邛州之临邛、临溪、思安、火井，有早春、火前、火后、嫩绿等上中下茶。"宋曾慥《茶录》："蜀雅州蒙顶上，有火前茶，谓禁火以前采者。后者曰火后茶。"明、清时的史籍中也常有关于"火前茶""骑火茶""火后茶"的记载。

延伸阅读

社前茶

宋朝时，按照茶叶产出的时间，将等级最高的建宁蜡茶、团茶中的春茶划分为"社前茶""火前茶""雨前茶"三种。

21｜《论语集解》引马融的原话为："《周书·月令》有更火之文。春取榆柳之火，夏取枣杏之火，季夏取桑柘之火，秋取柞楢之火，冬取槐檀之火。一年之中，钻火各异木，故曰改火也。"

《宋史·食货志》："建宁蜡茶，北苑为第一，其最佳者日社前，次日火前，又日雨前，所以供玉食，备赐予。"

社，指春社。古代在立春后的第五个戊日祭祀土神，称为社日。戊日，以六十甲子排列顺序记日，每60天有六个戊日。戊日与戊日之间相隔10天。这样算来，社日一般在"立春"后的41天至50天之间，大约在"春分"日前后5天之内。社前茶要比明前茶早约半个月，应是极嫩的茶。

17．七品茶

我国古代，官分九品，最小的是"九品芝麻官"。茶也分品？既是，也不是。这"七品茶"，有两种说法。

其一，指七种等级的茶。宋代梅尧臣《李仲求寄建溪洪井茶七品云愈少愈佳未知尝何》诗："忽有西山使，始遗七品茶。末品无水晕²²，六品无沉柤²³。五品散云脚²⁴，四品浮粟花。三品若琼乳，二品罕所加。绝品不可议，甘香焉等差。一日尝一瓯，六腑无昏邪。"这里说茶分七等，一等是绝品，最好的。茶，可分等级，古今皆然。茶分七等且称之为七品，似乎只有梅尧臣如此说。

22 | 水晕，指茶碗壁留下的水痕。

23 | 柤，音 zhā，古义同"渣"，沉柤即沉渣。

24 | 云脚，点茶过程中，分茶入碗，茶汤在碗面形成的如云彩般的纹脉。这些纹脉会逐渐散去，故称"散云脚"。

其二，指饮茶人的等级资格。有一首茶诗说："花浮小盏三投酒，乳拨深炉七品茶。"一般人认为，诗中"七品"是七碗之误。清代袁枚在《随园诗话》卷十三中说，这是不对的。"金人七品官才许饮茶，事见《金史》。"袁枚引的《金史》是指《金史·食货志四》。金国不产茶，需从宋国购买，每年都要花费大量的真金白银。为减少开支、降低贸易赤字，金国规定七品以上官员才享有饮茶的特权。这事，《金史·食货志四》记载得明明白白。

延伸阅读

李仲求寄建溪洪井茶七品云愈少愈佳未知尝何

（北宋）梅尧臣

忽有西山使，始遗七品茶。

末品无水晕，六品无沉柤。

五品散云脚，四品浮粟花。

三品若琼乳，二品罕所加。

绝品不可议，甘香焉等差。

一日尝一瓯，六腑无昏邪。

夜枕不得寐，月树闻啼鸦。

忧来唯觉衰，可验唯齿牙。

动摇有三四，妨咀连左车。

发亦足惊疏，疏疏点霜华。

乃思平生游，但恨江路赊。

安得一见之，煮泉相与夸。

18．西藏黑金

藏茶，是专供青藏高原藏民食用的茶，它是全发酵茶，也是典型的黑茶。藏民离不开茶，藏谚有云："一日三次茶，一日一顿饭，宁可三日无粮，不可一日无茶。""一日无茶则滞，三日无茶则病。"因此，藏茶在青藏高原被称为"西藏黑金"，与酥油、青稞、牛羊肉并称为西藏饮食"四宝"。

藏茶始于唐，兴于宋，盛于明清，其在不同历史时期有不同的名称，如边茶、乌茶、条包茶、黑茶、砖茶、西番茶、紧压茶、大茶、粗茶等。

藏茶是专为藏族民众制作的茶。四川雅安是藏茶发源地，也是藏茶主产地，雅安生产藏茶已有1300多年历史。在所有茶叶中，藏茶是制作流程最为复杂、耗时最长的，需经过和茶、顺茶、调茶、团茶、陈茶五大工序32道工艺，耗时约6个月。经过漫长、繁复程序炮制出的标准藏茶，茶砖色泽褐黑、厚重、油亮，紧压密实，边缘整齐，手感温润、爽滑，芳香宜人，沁人心脾，具有醇、浓、红、陈"四绝"之特点。

19．前丁后蔡

"前丁后蔡"，是北宋时期的一段茶事典故，福建地方官员为讨皇上欢心，精心制作贡茶，前"丁"指丁谓，后"蔡"即蔡襄（蔡君谟）。他们监制大小团龙凤茶的事情发生在北宋咸平至庆历年间（998—1048年）。

唐朝的贡茶主要由江苏宜兴、浙江长兴进贡。福建茶当时无甚名气，陆羽《茶经》、裴汶《茶述》都没提到福建茶。宋太宗赵炅当皇帝（976 年）时，才开始制作龙凤团茶模具，在福建建安北苑茶区制作贡茶。

宋真宗咸平年间（998—1003 年），丁谓任福建转运使时，亲自监造贡茶，安排能工巧匠精心制作了 40 饼龙凤团茶，进献皇帝，获得宠幸，升为"参政"，封"晋国公"。此后，福建建安一年进贡大团龙凤茶二斤，八饼为一斤。

宋仁宗庆历年间（1041—1048 年），蔡襄任福建转运使时，将丁谓创造的大龙团改为小龙团，制作更精细，再受皇上赏识。蔡襄《北苑十咏·造茶》诗自序中说："是年，改而造上品龙茶，二十八片仅得一斤，无上精妙，以甚合帝意，乃每年奉献焉。"

欧阳修《归田录》："茶之品莫贵于龙凤者，谓之小团，凡二十八片重一斤，其价值金二两。"皇帝赐予大臣，"两府共赐一饼，四人分之"，说的正是蔡襄监造的小团龙凤茶。

前丁后蔡，不断改进北苑贡茶的制造技术，开启了北苑茶、福建茶神话的魔盒。苏东坡诗《荔枝叹》中的诗句"武夷溪边粟粒芽，前丁后蔡相宠加。争新买宠各出意，今年斗品充官茶"，并非否定丁蔡二人对茶加工技术的贡献，而是讽喻其邀功希宠。

延伸阅读

玉川茶

（宋）吴泳

一旗初试蜀山春，团銙谁论蔡与丁。

更出苦言浇谏味，世间醉梦合俱醒。

20．径山茶宴

径山茶宴，诞生于杭州市径山镇径山万寿禅寺，始于唐，盛于宋，是径山古刹以茶代酒宴请客人的一种独特的饮茶仪式。它既是"由僧人、施主、香客共同参加的茶宴"，又是"品尝鉴评茶叶质量的斗茶活动"。按照万寿禅寺的传统，每当贵客光临，住持就在明月堂举办茶宴招待客人，由此形成了独特的"径山茶宴"。

径山茶宴从张茶榜、击茶鼓、恭请入堂、上香礼佛、煎汤点茶、行盏分茶、说偈吃茶到谢茶退堂，有十多道仪式程序，宾主或师徒之间用"参话头"的形式问答交谈，机锋偈语，慧光灵现。以茶参禅问道，是径山茶宴的精髓和核心。

径山茶宴这一古老的饮茶礼仪曾一度失传，经过挖掘整理，现已基本恢复原貌。2019 年 11 月，《国家级非物质文化遗产代表性项目保护单位名单》公布，径山万寿禅寺获得"径山茶宴"项目保护单位资格。

径山茶宴是日本茶道之源。南宋理宗开庆元年（1259 年），日本南浦绍明和尚来中国，拜径山寺虚堂和尚为师。南浦绍明归国时，把茶台子、茶具及径山茶宴的饮茶方法和精神带回日本崇福寺，逐渐发展成为日本的"茶道"。

延伸阅读

日本的"四头茶会"

四头茶会起源于日本京都建仁寺，属于禅宗寺院茶礼。建仁寺于每年4月20日在大方丈内举行四头茶会。四头茶会由4位"正客"，即主宾（主位、宾位、主对位、宾对位）带着各自的8位"相伴客"（副主宾）一同参加茶会。4位主宾坐在指定的位置上，32位副主宾坐在大方丈内四周的榻榻米上。

主宾、副主宾入座后，走廊里的"侍香僧"即进入大方丈，向正面墙上的开山祖师画像进香、献茶。随后进来4名"供给僧"依次为主宾和副主宾呈上托盘，托盘上摆放着盛有抹茶粉的天目茶碗和点心。

一切准备好后，"供给僧"左手提着一个瓶口插着茶筅的净瓶，从主宾开始为每位客人注水点茶。为主宾点茶时必须单腿（右腿）跪地，为"相伴客"点茶时，站着前倾上身就可以了。客人则须将茶托举到眉头。点茶时，"供给僧"左腋下夹着净瓶，右手持茶筅为客人点茶。茶点好后，客人即可放下托盘开始饮茶，品尝点心。客人喝完茶，"供给僧"进来收拾茶具后退出。至此，四头茶会结束。

四头茶会的饮茶形式是流传到日本的中国最古老的禅院茶礼，它是否完全传承了径山万寿寺的南宋禅院茶礼，专家看法不一。不过，禅院茶礼属于清规的一部分，日本禅院清规源于中国，这是无疑的。

21. 茶农起义

我国唯一一次由茶贩领导、茶农首先参与的农民起义出现在宋朝。993 年，宋朝刚建立 30 多年，四川就爆发了王小波领导的农民起义。

王小波生于四川青城（今四川都江堰），出身茶农，以贩茶为生。最先响应的是青城的 100 多名茶农和贫苦农民，几天之后起义队伍扩大到数万人，最多时发展到十几万人。起义军所向披靡，连续攻占青城、邛崃、新津、双流、郫县等县城，于 994 年攻克成都，在这里建立了大蜀国。

王小波起义的直接原因是茶叶产销过程中的税费过多过重，茶农、茶贩被层层盘剥，难以为生，苦不堪言。宋朝开国皇帝宋太祖和他的继任者宋太宗，都实行茶叶专卖。茶场由官府经营，官府以低价收购茶农的茶叶，以高价卖给茶叶商贩。茶农卖低价茶，交高茶税，买高价粮；茶叶商贩买高价茶，还要交茶引钱和其他费用。商贩凭茶引收购茶叶、验证、封印。茶引分长引、短引。长引销外地，期限一年；短引销本地，期限一个季度。整个茶叶经销，手续繁杂，税费繁多。生路断了，王小波等人在走投无路之下，于 993 年 2 月发动起义。王小波喊出的口号是："吾疾贫富不均，今为汝均之。"意思是：都痛恨贫富不均，现在为大家均贫富！这是中国农民起义历史上第一次喊出"均贫富"的口号。起义军每到一地，打富豪，惩贪官，均财富，很受贫苦民众欢迎。

王小波在一次战斗中身负重伤去世，跟他一起起义的妻弟李顺被推为首领。李顺也是贩茶出身，他领导起义军建立了大蜀国。

995 年，宋朝皇帝派来大批正规军围攻成都。起义军奋勇抵抗，终因寡不敌众，数万人至死不降。起义最终失败。

22. 禅茶一味

"禅茶一味"概念是近世才出现的，古代没有这一说法。现如今，"禅茶一味"被用得很普遍。北京潭柘寺内有两处茶室，都标示"禅茶一味"，一处以"禅茶一味"作横匾，门旁两柱对联为：禅融儒释道，茶敬天下人。另一处匾额为"玉兰茶楼"，门两旁对联为：玉兰二乔悟和雅，禅茶一味定正清。

什么是"禅茶一味"？

"禅茶"这个词可看作偏正词组，也可看作并列词组。"禅茶"作为偏正词组，"禅"修饰"茶"，指寺院茶，尤指寺院僧人种植、采制、饮用的茶。禅茶主要用于供佛、待客、自饮、结缘赠送等。

"禅茶"也被视为并列词组，指禅和茶。"禅茶一味"之"禅茶"，就属于并列词组，意指禅茶相通、相融、相合，禅茶相存相依，互相促进。

寺院（当然也包括道观）对茶的饮用、普及是有贡献的。唐开元年间，灵岩寺的住持和尚为了防止刚入佛门的沙弥在坐禅时打瞌睡，便煮野茶让坐禅者饮用。由于茶有"益思、少惰、轻身、明目"的作用，民间亦"转相仿效，遂成风俗"。

什么是"一味"呢？"味"是滋味、气味、体味，引申为旨趣等，这里可理解为相容、一体、同一、不二。禅与茶是两个事物，禅是精神的，是追求，是境界；茶是物质的，是可饮、可食之物。它们怎么能同一、不二呢？

一种理解为：禅之性与茶性的相近、相似、相通。陆羽《茶经》说，茶"为饮，最宜精行俭德之人"，意思是说，茶作为饮料，最适宜修身养性、清静淡泊、生活简朴的人。世间万物，独茶如禅，独茶似禅，独茶能助人参禅、悟禅。杜牧《题禅院》："觥船一棹百分空，十岁青春不负公。今日鬓丝禅榻畔，茶烟轻飏落花风。"杜诗道出了禅茶之"一味"性，茶禅相伴，轻飏如落花风。

禅茶相交相合相融，禅即茶，茶即禅。禅的基本精神在于悟，悟佛，悟道；茶性平淡、平和。寺院的规矩、僧侣的生活更适于事茶、饮茶，平淡、雅致的洗茶、泡茶、倒茶、端茶、敬茶、饮茶行动，有益于修身养性，更利于参禅。禅茶文化，是一种集喝茶与修禅于一体的文化，是一种修身养性、注重修为的文化。

另一种理解为："禅茶一味"不宜从物质层面去理解，需要从精神层面打通禅与茶。赵英立先生说，欲证知"禅茶一味"的境界，只了解茶不行，只了解禅法也不行，两者俱通是基础，证知两者"不二"始完成。禅与茶本是两个事情，偏要追求"一味"，在物质世界绝无可能，唯有如禅者那样心内去求，最终证得"心外无茶"，方可达"一味"之境。[25] 由此可见，"禅茶一味"是常人不易理解、更难达到的一种境界。它

25 | 赵英立：《好好喝茶》，文津出版社，2018年6月第1版，第378页。

是茶人的讲求，需要像禅者那样从内心去求，去证悟，证悟之前它是一种修行的方法与途径，证悟之后它是一种不可言说的境界。

延伸阅读

咏意

（唐）白居易

……

春游慧远寺，秋上庾公楼。

或吟诗一章，或饮茶一瓯。

身心一无系，浩浩如虚舟。

富贵亦有苦，苦在心危忧。

贫贱亦有乐，乐在身自由。

23. 吃茶去 —— 赵州和尚偈语

"吃茶去"，这在日常生活中是再普通不过的一句话，在禅宗历史上却是一宗公案，它是禅师机锋接引弟子的法语。

故事发生在唐末五代时赵州观音院（今河北赵县柏林禅寺）。一天，有两名行脚僧慕名来到观音院，从谂禅师接待了他们。从谂禅师问一僧："曾到此间吗？"曰："曾到。"师曰："吃茶去。"又问僧，僧曰："不曾到。"师曰："吃茶去。"寺院的监管满腹疑惑，便说："为什么曾到云吃茶去，不曾到也云吃茶去。"禅师叫一声监管，监管应声来到面前。禅师说："吃茶去。"

从谂禅师是佛门大师，他得法于南泉普愿禅师，是禅宗六祖慧能大师之后的第四代传人，谥号"真际禅师"，人称"赵州古佛"。他简简单单的"吃茶去"三字，不能仅从字面来理解，它是颇有机锋的禅语，用以开示人心。禅宗讲究顿悟，认为何时何地何物都能悟道，极平常的事物中蕴藏着真谛。参禅和吃茶一样，是冷是热，是苦是涩，别人说出的，终究不如自己体悟。也有人将此话理解为对待生活的一种悬置方法，不管遇到什么烦恼，只需吃茶去，便一了百了。这正是吃茶的禅味，各有各的体悟。后人曾称"吃茶去"为"赵州和尚偈语"。

如今，柏林禅寺有"禅茶一味"碑记，其中有"新到吃茶，曾到吃茶，若问吃茶，还是吃茶"，记的正是从谂禅师开示门徒的故事。

24．金人禁茶

《金史·食货志》记载，金国曾多次禁茶。金章宗完颜璟（1190—1208年在位）、金宣宗完颜珣（1213—1224年在位），分别在泰和五年（1205年）、元光二年（1223年）多次禁茶。禁茶的理由大体上是茶出于宋地，非饮食必需。除宋朝进贡部分茶外，大部分通过贸易获得。金国跟宋朝交易茶，年费银百余万两。金国财力不足，"奈何以吾有用之货而资敌乎？"金国禁茶，并非全面禁止，并非对所有人都禁。泰和五年规定，七品以上官员家庭才允许饮茶，但不得馈赠或卖给他人。元光二年规定，亲王公主、五品以上家庭才可饮茶，同样禁止馈赠或卖与他人。违犯者判徒刑五年，告发者赏钱一万贯。

25．茶百戏

茶百戏，又称分茶、水丹青、汤戏、茶戏等，是让茶汤在茶碗中变幻物象的一种表演。将茶汤分到茶碗的时候，通过注汤和运行小勺的技巧，让茶汤中的浮沫在碗面上形成图案、文字，就像今天在咖啡杯面拉出图案与文字。不同的是，咖啡拉花采用的是不同颜色叠加的方法，而分茶仅用茶汤和水就呈现出文字与图案，而且短时间就散了。唐宋时期，烹煮的是碾磨得很细的茶末，煮后茶沫浮在茶汤上，茶百戏正是让茶的浮沫幻化成物象的游戏。北宋陶谷在《清异录》中说："饮茶，到唐代开始盛行，近世出现了注茶汤时巧用小茶匙，别施妙法，使茶汤表面的汤纹水脉形成各种图像，如花草啊，鱼虫禽兽啊，纤巧如画，只不过图像一会儿就散灭了。这种让茶汤变幻的手法，时人称之为'茶百戏'。"[26]

被称为"茶百戏"的分茶，在宋代是很普遍的游戏，许多文人都会分茶，并且留下很多脍炙人口的诗文，如杨万里"分茶何似煎茶好，煎茶不似分茶巧"（《澹庵坐上观显上人分茶》）、李清照"生香熏袖，活火分茶"（《转调满庭芳·芳草池塘》）、刘克庄"虎去有灵知伏弩，僧来叙旧约分茶"（《雪峰

---

26 |《清异录》原文为："茶至唐始盛，近世有下汤运匕，别施妙诀，使汤纹水脉成物象者。若禽虫鱼花草之属，纤巧如画，但须臾即就散灭；此茶之变幻也，时人谓之'茶百戏'。"

寺》）、徐集孙"何时岁老梅花下，石鼎分茶共煮冰"（《寄怀里中诸社友》）。

宋代有个叫福全的和尚，能在四只茶碗中点化出一首绝句。明朝夏树芳辑《茶董》记载了福全的故事，并将此称为"通神之艺"。《茶董》中说：将茶汤注入碗中能幻化出图像，是"茶匠通神之艺也"。福全和尚，很会煮茶、分茶，注茶汤于碗，能在碗中幻化成一句诗，注四碗茶，能幻化成一首绝句。某日，一位施主登门拜访福全，请求观看分茶游戏。福全自己吟诵了一首诗，幻化到茶碗上，诗曰："生成盏里水丹青，巧画工夫学不成。却笑当年陆鸿渐，煎茶赢得好名声。""鸿渐"是陆羽的字。这福全因有此"通神之艺"，挺自傲的，竟然嘲笑陆羽只凭煎茶就赢得好名声。

其实，"分茶"之技，应源于唐而成于宋。《茶经》说："凡酌茶，置诸碗，令沫饽均。沫饽，汤之华也。华之薄者曰沫，厚者曰饽，细轻者曰花。"刘禹锡在《西山兰若试茶歌》描述："骤雨松声入鼎来，白云满碗花徘徊。"唐朝人煎茶，茶碗上漂浮白云般的茶沫，这该是宋朝人演"茶百戏"的前奏啊。

延伸阅读

分茶何似煎茶好，煎茶不似分茶巧。
蒸水老禅弄泉手，隆兴元春新玉爪。
二者相遭兔瓯面，怪怪奇奇真善幻。
纷如擘絮行太空，影落寒江能万变。
银瓶首下仍尻高，注汤作字势嫖姚。

不须更师屋漏法，只问此瓶当响答。

紫微仙人乌角巾，唤我起看清风生。

京尘满袖思一洗，病眼生花得再明。

叹鼎难调要公理，策动茗碗非公事。

不如回施与寒儒，归续茶经傅衲子。

——（南宋）杨万里《澹庵坐上观显上人分茶》

陆羽品茶，千类万状，有如胡人靴者，蹙缩然；犎牛臆者，廉襜然；浮云出山者，轮囷然；轻飙出水者，涵澹然。此茶之精腴者也。有如竹箨者，籭箷然；如霜荷者，萎萃然；此茶之瘠老者也。

——（明）夏树芳《茶董》

26."金可得，而茶不可得"

饮茶，虽然在东汉两晋时期已开风气之先，但到唐代中后期才开始普及，真正成为全民饮品，是在宋朝。不过，茶有优良贵贱之分，最贵的是皇家贡品，那是精中取精，少而又少，甚至连大臣也轻易享受不到。

欧阳修在《归田录》中说："茶之品莫贵于龙凤者，谓之小团，凡二十八片重一斤，其价值金二两。然金可有，而茶不可得，尝南郊致斋，两府共赐一饼，四人分之。"南郊致斋，每年冬至日，皇帝在位于南郊的圜丘祭天。在祭祀或典礼前进行清整身心的礼仪，叫致斋。这是说，皇帝某年祭天典礼前在办致斋礼时曾给中书省、枢密院两府共赐一饼小团龙凤茶。

四位大臣分享一饼茶，何其珍贵！难怪欧阳修慨叹："金可有，而茶不可得！"

龙凤茶，又称龙团凤饼茶，是北宋时的贡品，产于福建建州北苑，最初是大团龙凤茶，8 饼一斤；后来制作成小团龙凤茶，28 饼一斤。

明代许次纾所著《茶疏》说："若漕司所进第一纲名北苑试新者，乃雀舌、冰芽。所造一夸²⁷之直至四十万钱，仅供数盂之啜，何其贵也。"40 万钱是多少银两？一般来说，一贯是 1000 个铜钱，宋时流行省陌²⁸，以 77 钱为一贯。北宋初年，一两银兑一贯钱；宋徽宗时，一两银兑两贯；南宋中期，一两银兑三贯。即使按一贯 1000 钱，一两银兑三贯算，40 万钱，也相当于 130 多两银子。一夸是一饼，一斤 28 饼。按许次纾的说法，一夸值 130 多两银子。这太昂贵了，真不敢相信啊！不过，找到一个旁证，可说明许次纾的说法并不夸张或者不太夸张。明人陈耀文撰写的《天中记》说：在福建建州北苑，用龙焙泉（御泉）造贡茶，社前茶（比明前茶更早），茶芽细如针，用御水研造。每片仅工钱需 4 万文。这茶，点试后茶色白如

27 │ 夸，亦作銙。銙，是古人附于腰带上的装饰品，用金、银、铁、犀角等制成。它中间有孔，可穿到腰带上。后指形似銙的一种茶，称"夸茶"或"銙茶"。此处用作量词，一夸即一饼、一片。

28 │ 古时钱币，以百数为一百者谓之足陌，不足百数作为一百者谓之"省陌"。陌，音 mò，借作"百"。宋欧阳修《归田录》卷二："用钱之法，自五代以来以七十七为百，谓之省陌。"

乳，是最精制的上品茶。

前文介绍过，唐宋时期的茶饼，需要用上好的水来蒸，压模，工序相当繁复，先要把茶叶变成茶膏，在研制茶膏的过程中，最多兑 16 次水、烘焙 15 个晚上，而且必须由能工巧匠来制作。这人工费用当然是相当贵的。文，是古时钱币中最小的单位，一枚铜钱即一文，前述 40 万钱即 40 万文。陈耀文说一片（一夸）茶仅人工费用就要花 4 万文。这茶是贡品，制作当然不计成本，真要卖 40 万钱一片也是可能的。

延伸阅读

提到茶品昂贵的宋诗

> 常常滥杯瓯，草草盈罂瓮。宁知有奇品，圭角[29]百金中。
>
> ——（宋）梅尧臣《宋著作寄凤茶》
>
> 价与黄金齐，包开青蒻整。
>
> ——（宋）梅尧臣《答建州沈屯田寄新茶》
>
> 白乳叶家春，铢两直钱万。
>
> ——（宋）梅尧臣《王仲仪寄斗茶》
>
> 一朝团焙成，价与黄金逞。
>
> ——（宋）梅尧臣《吕晋叔著作遗新茶》

---

29 | 圭角，圭的棱角，泛指棱角。这里是用茶叶尖角的形状代指茶叶，相当于"枪旗""玉芽""仙芽""雀舌""鸟爪"等。

清诗两幅寄千里，紫金百饼费万钱。

——（宋）苏轼《和蒋夔寄茶》

偏得朝阳借力催，千金一胯过溪来。

曾坑贡后春犹早，海上先尝第一杯。

——（宋）曾巩《闰正月十一日吕殿丞寄新茶》

27."土与黄金争价"

　　明末人周高起撰写《阳羡茗壶系》，介绍宜兴紫砂壶。《阳羡茗壶系》说的正是宜兴的紫砂壶。文章说："故茶至明代，不复碾屑、和香药、制团饼，此已远过古人。近百年中，壶黜银锡及闽豫瓷而尚宜兴陶，又近人远过前人处也。……至名手所作，一壶重不数两，价重每一二十金，能使土与黄金争价。"这里的意思是：到明代，茶不再制作成团状、饼状，不再掺香料，不再碾成粉末来烹煮了，这样喝茶远远胜过古人了。近百年来，不再使用银锡做成的茶壶，也不大用福建产的瓷壶了，而崇尚宜兴产的紫砂壶，这是现代人超过古人的地方啊。……宜兴名家制作的紫砂茶壶，一只重不过数两，却能卖到一二十两银子！"金"，这里并非指黄金，而是白银的重量或货价单位，银一两为一金。明代，一斤约为596.8克，一斤16两，一两折合现在的37.3克。明朝时，前线士兵一年的军饷是20两银、6石³⁰大米。据《大明汇典》记载，明朝县令（正七品）

---

30 ｜ 石，音 dàn，古代容量单位。十斗为一石，十升为
　　　一斗，一石等于一百升。

一年的俸禄是 27.95 两银、12 石大米，外加一些不值钱的钞票。由此可见，一二十两银子一只茶壶，那是相当昂贵了！

饮茶方式改变，茶具随之而变。陆羽发明了煎茶法，他创制了 24 种茶具。24 种茶具中有"鍑"（又称釜）、"熟盂"，"鍑"是煎茶的锅，"熟盂"是盛开水的容器。24 种茶具中没有茶壶。

宋人点茶，开始使用"茶注"。"茶注"的形状像后来的茶壶，不过它是盛开水的，将开水注入调好茶膏的茶碗中。周高起所说的价值一二十两银子的紫砂茶壶，是用来泡茶的，将茶叶放到茶壶里泡。紫砂壶泡茶无异味，它能有效防止茶香散失，壶内壁形成的茶锈能增加茶的醇郁芳馨。这样的茶壶，若仅做茶注，那也太浪费了！

明代开始崇尚炒青芽茶、叶茶。叶茶、散茶，无须碾成茶末烹煮，直接用开水冲泡。明朝是茶具由金属器改兴陶壶小盏的一个重要转折时期。宜兴紫砂陶业，适逢其时。

28．不夜侯

北宋陶谷所撰《荈茗录》，最早引用胡峤《飞龙涧饮茶诗》："沾牙旧姓余甘氏，破睡当封不夜侯。"余甘，即余甘子，又叫油柑，初食酸涩，后转甘。这两句诗，前一句写茶入口先苦后甘像吃余甘子，后一句写茶有令人不眠的功用。其实，早在西晋时，张华就在《博物志》中提到茶的这种功能："饮羹茶，令人少眠。"北宋黄庭坚《又戏为双井解嘲》："山芽落硙[31]

---

31 ┃ 硙，音 wèi、wéi、ái，石磨。

风回雪，曾为尚书破睡来。"说的也是茶的提神解乏功能。不过，胡峤是最早用"不夜侯"代指茶的诗人。

胡峤曾作为宣武军节度使萧翰的掌书记随入契丹，后萧翰被告发谋反被杀，胡峤不得不在契丹居住了七年。他在记述契丹地理风俗的《陷虏记》中说他在辽国上京附近（今属内蒙古）见到、品尝了西瓜。这是汉语文献中首次使用"西瓜"一词。

胡峤之后，"不夜侯"成了茶的雅号。

延伸阅读

杭嘉和对答"不夜侯"

王旭烽《茶人三部曲》第一部《南方有嘉木》中有一段对话谈到"不夜侯"：

汤寿潜见到杭天醉的两个小公子，便道："来个对题，行不行？"

（杭）嘉和歪着头想想，说："试试看。"

汤寿潜顺嘴说："火车。"

"轮船。"

大家一愣，都笑了，说对得好。

沈绿村说："忘忧君。"

"不夜侯。"

沈绿村大惊，说："这茶中的典故，怎么你就知道了？"

"奶奶教的。她说，忘忧君、不夜侯、甘露兄、王孙草，都是茶。"

另：《茶人三部曲》第二部为《不夜之侯》，王旭烽以"不夜侯"作书名。

29. 茶的代称、美名、雅号

茶，有多个古字，荼、槚、茗、荈，都是茶。《尔雅·释木》："槚，苦荼。"《说文解字》："荼，古茶也。"《说文解字·艸部》："茗，荼芽也。"华佗《食论》："苦茶久食益意思。"清代郝懿行《尔雅义疏》："诸书说茶处，其字仍作荼，至唐陆羽作《茶经》，始减一画作茶。"

至于茶的代称、美名、雅号，那就更多了。"玉川"是茶的代称，想不到吧？卢仝善饮茶，是继陆羽之后的又一位茶学家，自号"玉川子"。因此，后人用"玉川"代指茶。宋代陆游《昼卧闻碾茶》："玉川七盌何须尔，铜碾声中睡已无。"这里，"玉川"指茶，"七盌"是七碗，盌，音 wǎn，义与"碗"同。"玉川翁"常用来指卢仝。元代谢宗可《煮茶声》："如诉苍生辛苦事，蓬莱好问玉川翁。"冰心道人则将晚明陈继儒的"如何玉川翁，松风煮秋水"诗句刻在茶壶上。现如今，有玉川翁茶业、玉川翁茶店等，取名大休上来源于卢仝的号吧。

阳芽，喻茶。宋代周必大《尚长道见和次韵二首》："远向溪边寻活水，闲于竹里试阳芽。"

仙芽，也指茶。清代胡怀琛《春日寄家兄闽中》："海扇占春信，仙芽问五夷。"五夷即今武夷山。

因茶生于山巅云雾处为佳，云华、云腴皆指茶。唐代皮日休《寒日书斋即事》："深夜数瓯唯柏叶，清晨一器是云华。""瓯"即碗，唐代的瓯即现代的碗。宋代黄庭坚《双井茶送子瞻》："我家江南摘云腴，落硙霏霏雪不知。"

因茶泡开如鸟爪，玉爪也成了茶的代称。宋代杨万里《澹庵坐上观显上人分茶》："蒸水老禅弄泉手，隆兴元春新玉爪。"

同样，茶芽像鸟嘴、雀舌，因此鸟嘴、雀舌也被用来指茶。唐代郑谷《峡中尝茶》："吴僧漫说鸦山好，蜀叟休夸鸟觜香。"清代乾隆皇帝《观采茶作歌》："倾筐雀舌还鹰爪。"

还有瑞草魁、橄榄仙、涤烦子、苦口师等都被用来指茶。唐代杜牧《题茶山》："山实东吴秀，茶称瑞草魁。"宋代陶谷《清异录·茗荈》："生凉好唤鸡苏佛，回味宜称橄榄仙。"唐代施肩吾《句》："茶为涤烦子，酒为忘忧君。"

晚唐时期，皮光业的众表兄弟请他品赏新柑，并设宴款待。皮光业一进门，对新鲜甘美的橙子视若无睹，急呼要茶喝。仆人只好捧上一大瓯茶汤，皮光业手持茶碗，即兴吟道："未见甘心氏，先迎苦口师。"此后，茶就有了"苦口师"的雅号。

茶叶，讲求嫩。最嫩的叶是尚未展开的芽，一般好茶只摘一芽一叶，芽像枪，展开的叶像旗，所以有"一枪一旗"的说法。宋代赵佶《大观茶论·采摘》："凡茶如雀舌谷粒者为鬭（斗的繁体字）品，一枪一旗为拣芽，一枪二旗为次之。"在古诗词中，用枪旗代指茶是很多的：宋代欧阳修《尝新茶呈圣俞》"鄙哉谷雨枪与旗"；宋代苏东坡《水调歌头》"枪旗争战，建溪春色占先魁"；宋代王安石《送福建张比部》"新茗斋中试一旗"；明代蓝仁《谢卢石堂惠白露茶》"春风树老旗枪尽，白露芽生粟粒匀"，《寄刘仲祥索贡馀茶》"春山一夜社前雷，万树旗枪渺渺开"。

30. 顶级茶"各领风骚数十年"

茶,作为饮料,在中国至少有 2000 年历史了。什么茶最好?不同时期,饮茶方式不同,喜好不同,评价与品鉴人不同,没有永远不变的好茶。俗话说"三十年河东,三十年河西",顶级茶也一样,大致是"各领风骚数十年"。

封建王朝,"溥天之下,莫非王土;率土之滨,莫非王臣"。最好的必然进贡帝王,帝王用的就是最好的。历代的贡茶,当然是顶级中的顶级。不过,贡茶也非永世不变,时代变迁,帝王变了,贡茶产地、贡茶品名也随之而变。

明代夏树芳辑《茶董》说,唐时"以阳羡茶为上供",福建建溪北苑的茶还未知名。唐大历五年(770 年),唐朝的贡茶为阳羡(今江苏宜兴)茶,后来浙江长兴产的顾渚紫笋也成为贡茶。据说这跟陆羽的推荐有关。陆羽品尝了顾渚的野茶后,认为"芳香甘辣,冠于他境,可荐于上"。直至唐大中五年(851 年),顾渚紫笋在长达 80 年的时间里一直作为贡茶生产。

到宋代,福建建安北苑茶得宠。丁谓在福建做官时,创制了龙凤团茶进贡,8 饼一斤,得到皇帝的喜爱。后来,蔡君谟改造小团龙凤茶,28 饼一斤。有一种说法:建安龙凤团茶,起于丁谓,成于蔡君谟,因此有"前丁后蔡"之说。但是,等到武夷山茶进贡皇宫时,建安北苑茶又渐渐无闻了。

宋朝,一个皇帝一个喜好,甚至同一个皇帝不同时期喜好不同的茶。宋人钱易撰写的《南部新书》说,宋初龙凤茶为上品,蜡面茶不再时兴了。丁谓、蔡君谟制大小团龙凤茶得宠。

宋神宗（1068—1085 年在位）时，进贡的是密云龙团茶；宋哲宗（1086—1100 年在位）时，又改为瑞云翔龙，做得更精致，小团龙凤茶被比下去了。宋徽宗（1101—1125 年在位）以白茶为第一，制作三色细芽茶，瑞云翔龙茶等而下之了。到宣和二年（1120 年），郑可简创制银丝水芽茶，只选茶中最嫩的芯芽，用清泉浸渍后烘焙，光莹如银丝，方寸大的茶饼，茶丝如小龙蜿蜒其上，取了非常美的名，叫"龙团胜雪"。

到了清代，先后有洞庭碧螺春茶、西湖龙井、君山毛尖、普洱茶等成为贡茶。

31．假冒名茶

有名茶，就有假冒的。宋代黄儒撰《品茶要录》，专设"入杂"一节，说："物固不可以容伪，况饮食之物，尤不可也。故茶有入他叶者，建人号为'入杂'。筑列入柿叶，常品入桴、槛叶。二叶易致，又滋色泽，园民欺售直而为之。"把柿树等叶子混入茶中做成茶饼出售，这是掺假。

《品茶要录》还有一节专说辨壑源茶、沙溪茶。壑源、沙溪是福建建安的地名，两地背靠背，只隔一道山岭，但茶的品质大不相同，价格差一倍。有茶农将沙溪茶混在壑源茶里做成茶饼，这样的茶点试效果不好。《品茶要录》说，大体上壑源之茶卖十的价，沙溪茶卖五，值一半的价。沙溪的茶民为了谋高利，或者在沙溪茶中掺杂松黄，或者将壑源茶与沙溪茶混在一起，冒充壑源茶，卖高价。壑源茶叶厚实，颜色略带紫，点试出来的茶，茶沫浮在碗面时间长，香味久久不散，而沙溪茶叶薄而轻，颜色略为泛黄，点试出来的茶，茶沫虽然呈鲜白状，但不持久，香味也散得快。

明代冯梦桢编著的史料笔记《快雪堂漫录》记载了徐茂吴辨茶的情景：昨天同徐茂吴到老龙井买茶叶，十数家山民摆出他们的茶，徐茂吴依次点试，认为都是假龙井茶。他说："真者甘香而不冽，稍冽便为诸山赝品。"他得到一二两，认为是真货，试泡一下，果然甘香如兰。徐茂吴品茶，认为虎丘茶第一，常用一两银子买一斤多虎丘茶。虎丘寺庙里的和尚不敢欺骗他。其他人虽花了大价钱，买到的可能仍是假茶。

清人王梓《茶说》记载：武夷山，周围120里，都可以种茶。其他地方的茶，多性寒，唯独武夷山茶性温。武夷山茶，主要有两类：山上的为岩茶，平地的为洲茶。岩茶是上品，洲茶要差一些。岩茶清香，茶汤泛白；洲茶香味要浑浊一些，茶汤泛红。区别主要在这里。谷雨前采摘的为头春茶，稍后的为二春，再后的为三春。秋天采摘的为秋露白，最香。武夷山茶，种植要好，采摘适时，烘焙得当，才能香味两绝。武夷山本为石山，山上泥土稀少，因此产茶少。山下的洲茶则到处都是。附近县也种植了大量的茶，运到山里村庄圩市卖，冒充武夷山茶。远至安溪的茶，香味都不堪，也运到山中冒充岩茶。还有莲子心茶、白毫茶，都是洲茶，用木兰花熏了以掩人耳目，它们比岩茶差远了。在这里，王梓说了多种假冒的情况：武夷山本地量大质稍差的洲茶假冒量少质高的岩茶；安溪不甚贵重的茶假冒武夷茶，有的假冒茶没有香味，就用木兰花熏香欺人。

明末清初的小说《豆棚闲话》也讲到虎丘白云茶被假冒的

情况，第十则《虎丘山贾清客联盟》中有首《竹枝词》："虎丘茶价重当时，真假从来不易知。只说本山其实妙，原来仍旧是天池。"这里说天池山茶叶的外形与品质和白云茶近似，让人"真假从来不易知"。

32. 铲毁茶树

现实中还真有毁茶的事，铲毁的不是一般的茶树，而是优质茶树。

明代李日华《六研斋笔记》："乃闻虎丘僧尽拔其树，以一佣待命，盖厌苦官司之横索，而绝其本耳。"这说的是虎丘的和尚苦于官员强征索要茶叶，把茶树铲除干净了，以绝后患。顾湄在康熙十五年（1676年）修订的《虎丘山志》中说："虎丘茶，出金粟房。叶微带黑，不甚苍翠，点之色白如玉，而作豌豆香，宋人呼为'白云茶'。"金粟房是虎丘山上十八房寺庙之一，虎丘茶就是这座寺庙里的和尚种的，只种在寺院空地上，产量甚少。明末清初的卜万琪在《松寮茗政》中评论说，虎丘茶"色、味、香、韵，无可比拟，茶中王也"。

这么好的茶，在明朝时曾被铲除干净，为什么？《虎丘山志》记载：明朝的时候，当地官吏亲自到山上采摘监制，用虎丘茶赠送大官，更有小吏差役不断前来索取，寺庙里的和尚不堪其扰，干脆把茶树砍了，一棵不留。《松寮茗政》也有记载：明朝万历年间，寺庙的僧人苦于官员强行索取茶叶，索性把茶树"薙³²除殆尽"。为此,"文肃公震孟作《薙茶说》以讥之"。文肃公是谁? 文震孟是文徵明的曾孙,崇祯初年拜礼部左侍郎兼东阁大学士,死后被追谥"文肃"。文震孟在《薙茶说》中写道:虎丘茶"所产极少,竭山之所入,不满数十斤"。可惜,这篇讥讽文章没能传下来,已经散失了。明末清初文学家褚人获在他的逸事小说《坚瓠集》中也写到这件事:县太爷命令差役去虎丘采茶,他嫌得到的茶太少了,就把和尚抓了起来,板笞三十,还像对犯人似的给上了枷。

虎丘茶树被砍后,曾经重新种植。据《虎丘山志》记载:后来,虎丘重新种植了茶树,但官吏仍然像以往一样来索取茶叶,寺僧还是被弄得苦不堪言。一直到清康熙年间,睢州人汤斌出任江宁巡抚,他严禁馈送虎丘茶,这才算解除了寺僧的劫难。但是,此时僧人们已无心管理茶树,茶树最后全都枯死了。

延伸阅读

茶山诗

(唐)袁高

……

氓辍耕农耒,采采实苦辛。

一夫且当役,尽室皆同臻。

---

32 | 薙,音 tì,剃,用刀刮去毛发。这里指把茶树砍了,铲除干净。

……

悲嗟遍空山，草木为不春。

阴岭芽未吐，使者牒已频。

……

选纳无昼夜，捣声昏继晨。

33．水茶坊、花茶坊

南宋时，都城杭州异常繁华，茶肆酒楼星罗棋布。泗水潜夫所辑的《南宋市肆记》记载，茶肆随处可见，有清乐茶坊、八仙茶坊、珠子茶坊、潘家茶坊、连三茶坊、连二茶坊等。茶坊五花八门，进茶坊的更是三教九流，什么人都有。南宋人耐得翁的笔记《都城纪胜》说：大茶坊张挂名人书画，冬天兼卖擂茶，或卖盐豉汤，暑天兼卖梅花酒。都城一些子弟到茶楼会聚，习学乐器，或者练习一种叫"唱叫"的曲艺，谓之"挂牌儿"，还有各行艺人聚会的茶馆，谓之"市头"。南宋人吴自牧的笔记《梦粱录》说，兵丁差役往茶坊送点茶啊水的，以此得到店家的钱物赏赐，谓之"龊茶"。

更有茶坊以茶为名，行妓院娼家之实。这些茶坊，本来就不是以喝茶为主，只不过以茶为幌子，让客人"多下茶钱"罢了。《梦粱录》和《都城纪胜》对此都有记载，叫"水茶坊"的，"娼家聊设桌凳，以茶为由，后生等甘于费钱，谓之干茶钱"；另外还有，"楼上专安着妓女，名曰花茶坊"。

34.茶道六君子

茶筒、茶则、茶漏、茶匙、茶夹、茶针，它们被茶饮爱好者称为"茶道六君子"。

茶筒：茶器筒，用来盛放茶艺用品的器皿。

茶则：又称茶勺，用来盛茶入壶，可衡量茶叶用量，确保投茶适量。

茶漏：置于茶壶口上，导茶入壶，防止茶叶掉落到茶壶外。

茶匙：又称茶拨、茶扒、渣匙，用来挖取壶内泡过的茶叶，也可将茶叶由茶匙拨入壶中，故名茶拨。茶叶冲泡过后，往往会塞满茶壶，且一般茶壶的口都不大，用手挖出茶叶既不方便也不卫生，因此都使用茶匙，又名渣匙，因可以用来去除茶渣而得名。

茶夹：又称茶筷，可将茶渣从壶中夹出；也可用它夹着茶杯洗杯，防止烫手且卫生。

茶针：又称茶通，用于疏通茶壶的内网（蜂巢），以保持水流畅通；壶嘴被茶叶堵住时用来疏浚，或放入茶叶后把茶叶拨匀。茶针有时和茶匙一体，即一端为茶针，另一端为茶匙，用竹、木制成。

文人茶趣

文人茶趣

观乎天文，以察时变；观乎人文，以化成天下。

~~~~《周易》

从来名士能评水，自古高僧爱斗茶。

~~~~郑板桥

1．宝塔茶诗

宝塔茶诗[1]的作者是唐代的元稹，诗原名为"一七令·茶"。

元稹是唐朝大臣，生于779年，卒于831年，曾任校书郎、监察御史、同州刺史、尚书右丞、武昌军节度使等职。元稹还是文学家、诗人，有一百卷的《元氏长庆集》传世，收录诗赋、诏册、铭谏、论议等，现存诗830余首。

元稹与白居易同科及第，为终身诗友。《一七令·茶》便是送别白居易的一首诗。白居易要升任东都洛阳，文人诗友举行欢送会，宴席上要求各人以"一字至七字"作一首咏物诗，

---

1 | "宝塔茶诗"只是今人的说法，唐时文字是竖写，这首诗竖写不为宝塔形（三角形），《一七令·茶》是它原来的诗名。

标题只能用一个字。白居易写的是《一七令·诗》，元稹写下了这首《一七令·茶》。

茶。

香叶，嫩芽。

慕诗客，爱僧家。

碾雕白玉，罗织红纱。

铫煎黄蕊色，碗转曲尘花。

夜后邀陪明月，晨前独对朝霞。

洗尽古今人不倦，将知醉后岂堪夸。

七行宝塔茶诗，第一行一个字"茶"，既是诗的标题，也点明主题。

第二行交代茶的特性，既香又嫩。

第三行是倒装句式，说"诗客"爱慕它，"僧家"喜欢它。

第四行写煮茶前对茶的加工，用雕刻着花纹的白玉茶碾把茶碾碎，用红纱制作的茶罗筛出待煮的茶末。

第五行写煎茶的过程及要求，用叫作"铫"（diào）的锅把茶熬煮成浅黄色的汤汁，把茶倒入碗里，淡黄色茶沫如花般在碗面漂浮。"曲尘"，也作"麴尘"。"麴"为酒母。"麴尘"意指酒母上所生的菌，呈淡黄色。白居易《谢李六郎中寄新蜀茶》就有"麴尘"一词，诗云："汤添勺水煎鱼眼，末下刀圭搅麴尘。"

第六行描写富有诗意的饮茶情境：夜深人静之时明月做伴饮茶，早上起来独自面对着朝霞饮茶。这是多么宁静清雅的饮茶情趣呀！

第七行介绍茶之功效：饮茶能够提神醒脑、驱除疲劳，醉酒后饮茶效果更堪夸。

元稹的宝塔茶诗，有趣有味有意境。茶的芬芳（香叶）、形态（嫩芽），茶具之色（雕白玉茶碾、红纱茶罗）、茶汁之彩（黄蕊色、曲尘花）跃然纸上。静夜里邀明月饮茶，晨曦中对朝霞品茗，写尽了文人骚客的雅兴。写过茶性、茶色、品茶之境后，最后落笔于茶之功效，更显意味悠长。

延伸阅读

一七令·诗

(唐)白居易

诗。

绮美，瑰奇。

明月夜，落花时。

能助欢笑，亦伤别离。

调清金石怨，吟苦鬼神悲。

天下只应我爱，世间惟有君知。

自从都尉别苏句，便到司空送白辞。

2．李白仙人掌茶诗

唐朝的李白是"诗仙"，嗜酒，又有"酒仙""醉仙"之称，他的酒诗传唱千古："烹羊宰牛且为乐，会须一饮三百杯""钟鼓馔玉不足贵，但愿长醉不复醒"（《将进酒》），"开颜酌美酒，乐极忽成醉"（《酬岑勋见寻就元丹丘对酒相待以诗见招》），"醉后失天地，兀然就孤枕。不知有吾身，此乐最为甚"(《月下独酌·其三》)。

李白也喜欢喝茶，但茶诗仅一首。不过，这首诗堪称我国最早咏名茶的诗篇:《答族侄僧中孚赠玉泉仙人掌茶》。全诗为:

> 常闻玉泉山，山洞多乳窟。
>
> 仙鼠如白鸦，倒悬清溪月。
>
> 茗生此中石，玉泉流不歇。
>
> 根柯洒芳津，采服润肌骨。
>
> 丛老卷绿叶，枝枝相接连。
>
> 曝成仙人掌，似拍洪崖肩。
>
> 举世未见之，其名定谁传。
>
> 宗英乃禅伯，投赠有佳篇。
>
> 清镜烛无盐，顾惭西子妍。
>
> 朝坐有余兴，长吟播诸天。

这首茶诗，可以这样理解:

常常听到玉泉山的传闻，山洞里有许多流着乳汁般泉水的洞窟;洞窟里仙鼠(蝙蝠)体白如雪，硕大似鸦，它们倒悬于树，面对着映月清溪。茶树生长于山上石缝中，石上如玉泉之水长流不竭。茶树根茎饱汲清冽芬芳的甘泉，饮用这茶叶煎煮出的茶水可以强骨润肌。丛丛老茶树绿叶葱葱，枝枝相接。此茶之叶晾晒成型犹如仙人之掌，似可用它轻拍仙人洪崖的肩膀。如此这般的茶叶世所未见，谁来为它命名让其永世流传?李氏宗族之精英已经成为禅师高僧，他将如此难得的茶和瑰丽的诗篇赠予我。我的诗就像古时"无盐"之地那名女子丑陋不堪，赠我的诗则像西施那般美貌异常。清早起身坐对朝霞，心情大好、意兴正浓，大声吟诵那赠我的诗篇，声音悠扬，传向九天。

这首茶诗的来源，李白在序中讲得很清楚。序为：

> 余闻荆州玉泉寺，近清溪诸山；山洞往往有乳窟，窟中多玉泉交流。其中有白蝙蝠，大如鸦；按《仙经》，蝙蝠一名仙鼠，千岁之后，体白如雪，栖则倒悬，盖饮乳水而长生也。其水边处处有茗草罗生，枝叶如碧玉。惟玉泉真公常采而饮之，年八十余岁，颜色如桃李。而此茗清香滑熟，异于他者，所以能还童振枯，扶人寿也。余游金陵，见宗僧中孚示余茶数十片，拳然重叠，其状如手掌，号为仙人掌茶，盖新出乎玉泉之山，旷古未觌（dí，相见之意）。因持之见遗，兼赠诗，要余答之，遂有此作。后之高僧大隐，知仙人掌茶发乎中孚禅子及青莲居士李白也。

李白已出家的族侄，法号中孚，是玉泉寺禅师。湖北当阳西有玉泉山，山之东麓有玉泉寺。该寺建于隋朝（592 年），与浙江国清寺、山东灵岩寺、江苏栖霞寺并称"天下四绝"。"禅子"即僧人。李白号青莲居士。这段序言说清楚了仙人掌茶的来历和他写这首诗的因由及目的，他希望通过这首诗让仙人掌茶之优异品质得以传颂，让好茶永世留名。

无意中，李白写出了我国历史上第一首名茶赞颂诗，甚至可以说是第一首名茶广告诗。

3．七碗茶歌

"七碗茶歌"又称"七碗茶诗"，源自唐代诗人卢仝品尝友人谏议大夫孟简所赠新茶之后的诗作，诗的题目是"走笔谢孟谏议寄新茶"，诗中写的"一碗喉吻润，两碗破孤闷。三碗搜枯肠，唯有文字五千卷。四碗发轻汗，平生不平事，尽向毛孔散。五碗肌骨清，六碗通仙灵。七碗吃不得也，唯觉两腋习习清风生。蓬莱山，在何处？玉川子，乘此清风欲归去"不仅在国内广为流传，在日本也代代传诵，并演变为"喉吻润、破孤闷、搜枯肠、发轻汗、肌骨清、通仙灵、清风生"的日本茶道。日本人对卢仝推崇备至，常常将之与"茶圣"陆羽相提并论。

卢仝生于795年，卒于835年，自号玉川子，他终日苦读，博览经史，工诗精文，著有《玉川子诗集》，现存诗103首。朝廷两次起用他做谏议大夫，他都不愿意。他有破屋数间，但图书满架，有时靠附近僧人赠米度日。他嗜茶成癖，所著《茶谱》与陆羽《茶经》齐名，被尊称为"茶仙"。孟简，字几道，时为常州刺史，曾诏拜谏议大夫。他在常州负责贡茶，新茶出来，送了些给好友卢仝。卢仝回信寄了这首诗给他。

走笔谢孟谏议寄新茶

日高丈五睡正浓，军将打门惊周公。

口云谏议送书信，白绢斜封三道印。

开缄宛见谏议面，手阅月团三百片。

闻道新年入山里，蛰虫惊动春风起。

天子须尝阳羡茶，百草不敢先开花。

仁风暗结珠琲瓓，先春抽出黄金芽。

摘鲜焙芳旋封裹，至精至好且不奢。

至尊之余合王公，何事便到山人家。

柴门反关无俗客，纱帽笼头自煎吃。

碧云引风吹不断，白花浮光凝碗面。

一碗喉吻润，两碗破孤闷。

三碗搜枯肠，唯有文字五千卷。

四碗发轻汗，平生不平事，尽向毛孔散。

五碗肌骨清，六碗通仙灵。

七碗吃不得也，唯觉两腋习习清风生。

蓬莱山，在何处？

玉川子，乘此清风欲归去。

山上群仙司下土，地位清高隔风雨。

安得知百万亿苍生命，堕在巅崖受辛苦！

便为谏议问苍生，到头还得苏息否？

诗的内容可分为三部分。第一部分，从开头到"何事便到山人家"，写谢谏议送来新茶，这茶甚为稀罕，是天子及达官贵人才能享受的极品，竟到了山野人家。第二部分，从"柴门反关无俗客"到"乘此清风欲归去"，叙述煮茶和饮茶的感受。最后一部分，笔锋一转，为苍生请命，希望享受如此好茶的居上位者知道茶农攀崖摘茶很危险，理解茶农的艰辛，表达了诗人对劳苦大众的同情。

赵英立先生从养生与养心的角度对卢仝的"七碗茶歌"作了极其精辟的讲解，认为饮茶的最高境界是天人合一、超凡脱俗。[2]

一碗"喉吻润",既是喝茶的第一目的,又是以茶养生的初级阶段。两碗"破孤闷",以茶破胸中块垒,既是养生的继续,又是养心的开始。三碗"搜枯肠,唯有文字五千卷",胸中块垒已现,当以茶治之,这是身心并重。四碗"发轻汗,平生不平事,尽向毛孔散",孤闷既破,化为轻汗,由毛孔散去。身心俱得调治,浑身清爽。

诸茶友品茗,若能至此境界,已不负茶,于身心大有好处。至此境界虽然不易,但只要认真喝上几年茶还是可以做到的。

五碗后的境界,那是一般人达不到的。

卢仝认为,饮茶具有道家修行"肌骨清"的功效。第五碗既是养生的高级阶段,又是进入纯精神领域的重要环节。六碗"通仙灵",是心灵感受的高级阶段。七碗喝下肚,让人觉得"两腋习习清风生",仿佛可以乘此清风飞回海上仙山蓬莱。喝下七碗茶,身心俱净,达到了天人合一的境界。

延伸阅读
语涉"七碗"之诗文

未终七碗似卢仝,解跨骎骎两腋风。北苑枪旗应满篚,可能为惠向诗翁。

——(北宋)黄裳《乞茶》

2│赵英立:《好好喝茶》,文津出版社,2018年6月第1版,第229—233页。

示病维摩元不病，在家灵运已忘家。何须魏帝一丸药，且
尽卢仝七碗茶。

——（北宋）苏轼《游诸佛舍一日

饮酽茶七盏戏书勤师壁》

七碗初移糟粕肠，五弦更净琵琶耳。

——（明）王世贞《醉茶轩歌为詹翰林东图作》

茶须徐啜，若一吸而尽，连进数杯，全不辨味，何异佣作。
卢仝七碗，亦兴到之言，未是实事。

——（明）罗廪《茶解》

4．三杯茶便得道

卢仝的七碗茶歌很有名，比卢仝更早的一位诗人，用诗表
达饮茶的感受，跟七碗茶歌相比毫不逊色。

他是僧人皎然，俗姓谢，字清昼，是南朝谢灵运的十世
孙。他比卢仝早出生半个多世纪，是与茶圣陆羽同时代的人，
跟陆羽交往密切，对饮茶情有独钟，甚至着了迷。他居住在湖
州杼山妙喜寺时，常到名茶产地顾渚山游览，对茶叶的生长情
况了如指掌。

他的《饮茶歌诮崔石使君》诗抒写饮茶的独特感受，传诵
至今：

越人遗³我剡⁴溪茗，

3 | 遗，音 wèi，给予、馈赠。

4 | 剡，音 shàn，剡溪，水名，在浙江东部。

采得金牙爨⁵金鼎。

素瓷雪色缥沫香，

何似诸仙琼蕊浆。

一饮涤昏寐，情来朗爽满天地；

再饮清我神，忽如飞雨洒轻尘；

三饮便得道，何须苦心破烦恼。

此物清高世莫知，世人饮酒多自欺。

愁看毕卓瓮间夜，笑向陶潜篱下时。

崔侯啜之意不已，狂歌一曲惊人耳。

孰知茶道全尔真，唯有丹丘得如此。

皎然饮第一碗茶，昏寐困乏一扫而尽，情思爽朗；饮第二碗，神清气定，精神抖擞，就像一阵及时雨荡涤净心灵的尘土雾霾；饮第三碗便能一扫胸中千般烦恼，领悟人生真谛。真是简明扼要，深刻而富含哲理。这首诗被认为是描述"禅茶一味"的最好诗篇，是对茶道最早的诠释。

皎然算是卢仝的前辈，不知卢仝写七碗茶诗曾否受皎然诗启发。

延伸阅读

许次纾戏论茶

一壶之茶，只堪再巡。初巡鲜美，再则甘醇，三巡意欲尽矣。

——（明）许次纾《茶疏》

5 | 爨，音 cuàn，烧、煮。

又：初巡为婷婷袅袅十三余，再巡为碧玉破瓜年，三巡以来绿叶成阴矣。

5．陆羽《六羡歌》

《六羡歌》，《全唐诗》原题为"歌"，因歌中有 6 个"羡"字，被后人称为《六羡歌》。《六羡歌》是陆羽听到恩师死讯时创作的一首感谢恩师、寄怀明志的诗。

陆羽是弃婴，唐开元二十一年（733 年）他被西塔寺的住持智积禅师收养。西塔寺是湖北天门市最大的佛教寺院，是江汉平原最古老的寺院，建于东汉，建在竟陵西湖中的龙盖山上，原名龙盖寺。

智积禅师习得一手好茶，陆羽跟随禅师学习烹茶之术。成年后，陆羽专心茶事的研究考察工作，遍历长江中下游和淮河流域，收集茶叶产制资料，品泉鉴水，后来在饶州（今江西上饶）依山结庐，定居下来，开垦茶园，开凿水井，自己种茶、制茶。他创制茶具，探求新的煎茶方法，撰写《茶经》《水品》（已失传）。

790 年，陆羽在饶州居所惊悉恩师智积禅师在西塔寺寺院圆寂，十分悲痛。因路途遥远，无法赶回去为恩师送葬，便作了《六羡歌》缅怀恩师，表达志向。这首诗仅 34 字：

不羡黄金罍（léi），不羡白玉杯。

不羡朝入省（shěng），不羡暮入台。

千羡万羡西江水，曾向竟陵城下来。

罍（léi），是盛酒的容器；入省（shěng），指做官；台，古代中央的官署名，如尚书台；西江，天门县的一段河流，古称西江；竟陵，古有竟陵郡、竟陵县，曾是州、郡府所在地，西塔寺在竟陵境内。

这首诗可译为：不羡慕黄金壶、白玉杯的荣华，不羡慕早年进尚书省、晚年入御史台的荣耀。最珍贵的是人间深情厚谊，难忘故乡西江水，那滔滔不绝、无比深厚的恩泽啊！

延伸阅读
《六羡歌》另一版本

不羡黄金罍，不羡白玉杯，不羡朝入省，不羡暮入台，惟羡西江水，曾向竟陵城下来。

另：明朝散文家茅坤曾作《六羡堂记》，文中说，先按察苏山公到湖北竟陵寻找陆羽古迹，并建"六羡堂"，书陆羽《六羡歌》。文中还说，四不羡"此固羽所自好，于以愤时嫉俗"。

6．王濛让人"水厄"

《世说新语》载，晋代的司徒长吏王濛嗜好喝茶，自己爱喝，还强要别人喝。谁去拜见他，都让你喝茶。不是喝一点点，而是不断让你喝。那时，喝茶尚未普及，许多人不爱喝。因事不得不见王濛的人都害怕，每次去必说今天有"水厄"。"厄"是灾难、困苦之意，相当于说今天要被水灌饱了。

此后，"水厄"便成典故，成为文人墨客之戏语。明代徐燉在《茗谭》中说：我准备构建一小茶室，中堂供奉陆羽老先生，左右配供卢仝、蔡君谟，春祭秋祭用奇特的名茶，约几位精通茶事的好友举办斗茶会，"畏水厄者"不能参加。

7．汤社

汤社，即聚会饮茶，既可理解为经常聚会饮茶的团体，也可理解为经常聚会饮茶的场所。

晋代的王濛和唐末五代的和凝，都是当大官的，自己爱喝茶，也让手下跟着喝茶。不过，方式不甚相同。下属到王濛办公室或家里，王濛不管三七二十一，一律让你喝茶，喝了再喝，不断地喝，让人害怕至极。和凝在唐末五代的梁、唐、晋、汉、周各朝都做过官，当过宰相、翰林学士、中书侍郎、同门下平章事等，拜太子太傅，封鲁国公，他还是文学家，是我国最早的法医学家。他的门生故旧甚多，宋代陶谷在《清异录》中记载，和凝在朝为官时"递日"[6]跟同僚们饮茶，号称"汤社"。这汤社是有规矩的，各自带茶，"味劣者有罚"。怎么惩罚？是罚喝三碗茶、掏银子做东，还是脸上贴纸条、钻桌子底？陶谷没说，我们当然不得而知。

8．三月三日茶宴

"三月三"是我国古代全民性的重要节日，又名"上巳""重三"，它孕育萌芽于先秦，成形于秦汉，成熟兴盛于魏晋至

6 | 递日，按次序一天接一天。

唐，消沉于宋以后。它经历了一个全民祭祀向两性娱乐方向转变、由全国性节日向地方性节日转变的趋势。[7]

茶宴，类似于今日之茶会，在唐朝似无茶会一说，而称茶宴，专指以茶为主题的雅集活动。唐代诗歌多有茶宴记载，如钱起的《与赵莒茶宴》、鲍君徽的《东亭茶宴》、李嘉佑的《秋晓招隐寺东峰茶宴，送内弟阎伯均归江州》等。不过，在文章中使用"茶宴"的甚少，据说《全唐文》仅有吕温的《三月三日茶宴序》一篇，全文如下：

> 三月三日，上巳祓饮之日也。诸子议以茶酌而代焉。乃拨花砌，憩庭阴，清风逐人，日色留兴。卧指青霭，坐攀香枝。闲莺近席而未飞，红蕊拂衣而不散。乃命酌香沫，浮素杯，殷凝琥珀之色；不令人醉，微觉清思；虽五云仙浆，无复加也。座右才子南阳邹子、高阳许侯，与二三子顷为尘外之赏，而曷不言诗矣。[8]

祓，音 xì，古代春秋两季在水边举行的消除不祥的祭祀。三月三日的祓，又称被祓[9]。祓饮，是在做被祓活动中饮酒。吕温这篇《三月三日茶宴序》记载的是本应饮酒的祭祀活动，改成了饮茶。大意是：

三月三日，是举行祭祀的日子，照例要饮酒的。大家商议

---

7 | 刘芬芬：《"三月三"节日文化研究 —— 有关历史演变与现代创造》，上海师范大学硕士学位论文。

8 | 《全唐文》，第 7 册，第 6337 页。

9 | 被祓，音 fú xì，古代中国民俗，每年于春季上巳日在水边举行祭礼，洗濯去垢，消除不祥。

以饮茶代之。于是，众人穿过长满野花的小路，绕过那庭栏楼阁，清风习习，阳光和煦，或在绿荫下静卧，或坐着攀折花枝。黄莺跳来跃去并不惧怕人，落下的花蕊沾在衣服上久久不掉落。沏上香茶一杯，色如琥珀，品上一口，滋味清新，就是玉露仙浆也不过如此。在一旁就座的有南阳邹子、高阳许侯，与三两好友作超凡脱俗的饮茶品鉴活动，能不诗兴大发？！

吕温这篇序文既写了茶宴的缘起、茶宴的优美环境，也写了茶宴中茶汤的香气、颜色令人陶醉。从中可以看出举行茶宴要有良好的天气，"三月三日"，正是暮春时节，风和日丽，鸟语花香。在这样一个美好的天气里煎茶品饮，自然会使人陶然欲醉。当然，与志趣相投的茶友共饮，是不可或缺的。

9. 山野烹茶

在家里烹茶，锅灶茶具齐备，还有僮仆伺候，众朋友边饮边聊，海阔天空，好不开心！不过，到远离闹市、幽静清爽、鸟语花香的山野里煮水烹茶，那更是别有一番情趣。这不，唐代诗人刘言史与好朋友孟郊就是这样做的。写出"慈母手中线，游子身上衣"千古名句的孟郊，当时正在洛阳做官。他们带上碾磨得细细的茶末和必需的茶具，来到洛阳北面的洛中溪畔，在野地里烹煮。他们不需僮仆伺候，自己动手，汲溪中水，敲石取火，拿鸟儿垒窝的树枝做燃料，细细烹，慢慢煎。刘大诗人把这种经历写成《与孟郊洛北野泉上煎茶》。他在诗中具体描述了茶色茶味和饮茶的效果、感受："洁色既爽别，浮氲亦殷勤"——茶汤色泽清爽明快，香气氤氲悠长；"湘瓷泛轻花，涤尽昏渴神"——茶碗上泛起乳状浮沫，入口既解渴又提神，让人神清气爽；"此游惬醒趣，可以话高人"——这种趣味盎然的雅事，足以跟"高人"吹牛、显摆一番的了。

唐代高僧灵一也曾跟元居士一起，在青山潭畔烹茶。他在《与元居士青山潭饮茶》诗中说："野泉烟火白云间，坐饮山茶爱此山。岩下维舟不忍去，青溪流水暮潺潺。"写出了野泉烟火烹茶的怡情雅趣。

唐宋时期，一批文士骚客放浪形骸，饮茶讲求清幽雅致的环境，山野烹茶、野煮寒溪便是一种追求、一份讲究。陆羽写《茶经》，列出了他创制的 24 种茶具，认为要煎出好的茶离不开这些茶具，但他同时又在"九之略"里讲，在野寺山园，坐松间石上，瞰泉临涧烹茶，24 种茶具的许多东西都不必带，只携带几件必需的，便能享受山间烹茶的雅兴、野趣了。

延伸阅读

山野烹茶的同道们

粉细越笋芽，野煮寒溪滨。

恐乖灵草性，触事皆手亲。

敲石取鲜火，撇泉避腥鳞。

荧荧爨风铛，拾得坠巢薪。

洁色既爽别，浮氲亦殷勤。

以兹委曲静，求得正味真。

宛如摘山时，自歠指下春。

湘瓷泛轻花，涤尽昏渴神。

此游惬醒趣，可以话高人。

——（唐）刘言史《与孟郊洛北野泉上煎茶》

雪液清甘涨井泉，自携茶灶就烹煎。

一毫无复关心事，不枉人间住百年。

——（宋）陆游《雪后煎茶》

远饷新茗，当自携大瓢，走汲溪泉。束涧底之散薪，燃折脚之石鼎，烹玉尘，啜香乳，以享天上故人之意。愧无胸中之书传，但一味搅破茶园耳。

——（宋）杨万里《谢傅尚书惠茶启》

10．竹林茶宴

唐代宗大历年间（766—779 年），诗坛上活跃着十位诗人，他们的经历和诗歌风格相近，时人称"十才子"。其时，"安史之乱"刚平定不久，遗留问题甚多。"十才子"都出身低微，官也做得不大，仕途不甚畅达，但他们文化素养高，诗写得很好。

"十才子"中有一位叫钱起的，是 751 年进士。他不仅诗写得好，还嗜茶，经常别出心裁地举办茶事活动。他在《与赵莒茶宴》诗中记录了一次非同寻常的竹林茶宴。诗曰："竹下忘言对紫茶，全胜羽客醉流霞。尘心洗尽兴难尽，一树蝉声片影斜。"诗中说，他与赵莒在翠竹之下举办茶宴，大家不饮酒，只喝紫笋茶，却胜过喝流霞仙酒！大家品茶聊天，浑然忘我，超然脱俗，茶兴甚浓，不舍离去，直到夕阳西下才披着蝉声、踏着斑斓树影尽兴而散。

三国时魏国有"竹林七贤",《晋书·山涛传》说:"(山涛)与嵇康、吕安善,后遇阮籍,便为竹林之交,着忘言之契。""忘言之契"意思为:彼此心领神会,无须言语,就已默契。钱起诗既用了"忘言之契"典故,又暗合了"竹下之交"的故事,把"竹林茶宴"中彼此情投意合、君子之交的高尚、典雅展现得很充分。诗里描绘出一幅雅境啜茗图,除了令人神往的竹林,诗人还以蝉为意象,把诗所要表达的娴雅志趣烘托得更加强烈。与"山野烹茶"异曲同工,钱起用蝉与竹、松等自然之物勾勒出一种他所向往的闲适、幽静的自然意境。

试译钱起诗如下:

> 竹林下彼此心领神会品饮紫笋茶,
> 味道醇厚胜过那醉人的仙酒"流霞"。
> 茶汤洗净尘心杂念茶兴却更浓厚,
> 一树蝉声一片斜影尽兴于夕阳下。

11."皮陆"茶诗唱和

"皮陆"是两个人,皮指皮日休,陆指陆龟蒙[10],都是晚唐著名诗人、文学家,二人是好友,声誉并驾齐驱,世称"皮陆"。

两人还是茶友,诗歌唱和,评茶鉴水,书信往来频繁。一次,皮日休写了《茶中杂咏》十首,分别吟咏茶坞、茶人、茶

---

10 | 陆龟蒙,字鲁望,自号天随子、江湖散人、甫里先生。

笋、茶籯、茶舍、茶灶、茶焙、茶鼎、茶瓯、煮茶十事，寄给陆龟蒙。在这组诗之前，皮日休写了 200 余字的序。序中对茶的饮用历史做了简要回顾，他认为前人对茶的采摘、制作、饮用等已经记载得很详细了，陆羽虽有《茶歌》却没有茶诗，"余缺然有于者，谓有其具而不形于诗，亦季疵（陆羽字季疵）之余恨也。遂为十咏寄天随子"。

十首诗分别吟咏茶的一个方面，下面为《茶瓯》和《煮茶》二首：

邢客与越人，皆能造兹器。圆是月魂堕，轻如云魄起。枣花势旋眼，蘋沫香沾齿。松下时一看，支公亦如此。（《茶瓯》）

香泉一合乳，煎作连珠沸。时看蟹目溅，乍见鱼鳞起。声疑松带雨，饽恐生烟翠。尚把沥中山，必无千日醉。（《煮茶》）

通过诗句可知，当时制造茶杯以邢州（今属山西）和越地（今浙江）最著名。茶杯的形制圆而薄。煮茶的情形参照前文便可明白。

陆龟蒙在张搏出任苏州、湖州刺史时曾为属官，后隐居甫里，在顾渚山下经营一茶园，出租以取茶，并作《品第书》，专论茶叶品级第次，是《茶经》后的第二本茶叶专著，可惜已失传。仅从此事来看，陆龟蒙也是茶学专家。见到皮日休的诗，他诗兴大发，写作《奉和袭美茶具十咏》。其《煮茶》诗中说："闲来松间坐，看煮松上雪。时于浪花里，并下蓝英末。"用松树枝叶上扫下的雪来煮茶，定是别有风味。综合起来，两组诗可以说是用诗歌形式写成的茶经。唐人的诗歌才华真令人佩服啊！

12. 刘禹锡以菜换茶醒酒

刘禹锡与白居易是好友，两人经常饮酒品茶唱和。后唐人冯贽的《云仙杂记》曾引已失传的《蛮瓯志》的记载："乐天方入关，刘禹锡正病酒。禹锡乃馈菊苗齑（jī）、芦菔，换取乐天六班茶二囊以醒酒。"菊苗齑，据考证是菊花苗做的菜，芦菔即今之萝卜。诗人刘禹锡酒喝多了，难受，让人拿着菊花苗菜和萝卜送给白居易，要来两袋六班茶，烹煮后饮用以醒酒。

六班茶，已无考。不过，清人诗词中曾提到六班茶。袁枚的《随园诗话补遗》卷三引清司马章的《临江仙》词："知郎新病渴，亲试六班茶。"清代诗人阮元的《己酉正月二十日学海堂茶隐》一诗也提到"六班茶"："又向山堂自煮茶，木棉花下见桃花。地偏心远聊为隐，海阔天空不受遮。儒士有林真古茂，文人同苑最清华。六班千片新芽绿，可是春前白傅家。"阮元（1764—1849 年）是清朝的两广总督，写过 60 余首茶诗，对茶颇有研究。他诗中的"六班茶"，到底是借用六班之名写茶还是写实有的六班茶，不得而知。

据说，白居易后人依据先祖古方，在洛阳生产出多系列六班茶产品，不知今天的多系列六班茶与白居易时期的六班茶到底有多少相同与不同之处？

延伸阅读
以茶治病的故事

1215 年，日本征夷大将军源实朝醉酒了，很痛苦。镰仓将军的僧人荣西禅师献茶一碗，说是良药，同时献上他写的《吃茶养生记》。源实朝将军喝了茶，酒醒了，他甚为高兴。

另，三国时，魏国张揖《广雅》记载：饼茶"捣末置瓷器中，以汤浇覆之，用葱、姜、橘子芼[11]之。其饮醒酒，令人不眠"。

五代十国时，南唐尉迟偓《中朝故事》记载，曾任唐朝宰相的李德裕对舒州牧[12]说，到任后，可送我天柱峰茶"数角"。后来，州牧送了他几十斤，李德裕不要。第二年，州牧离开了舒州，他送给李德裕"数角"天柱峰茶，李高兴地接受了。李德裕说："此茶可以消酒食毒。"于是他让人煮了一壶茶，把煮熟的肉放进茶水里，倒入密封的银器中。次日早上，肉已化为水了。

13. 唐朝一宗"拼茶"逸事

宋朝人王谠，撰写了八卷本的笔记《唐语林》，其卷六记载了这样一个故事：

唐朝诗人郎士元，诗句清绝，好作笑谈。他在军队中，常说三个大帅最不擅长的方面：郭子仪不弹琴，马燧不饮茶，田承嗣不入朝。马燧听说了，颇为生气，便派人去请他来饮茶。

11 | 芼，音 mào，本指可供食用的野菜或水草。祭祀时，这些野菜或水草被用来覆盖牲体，故而有"覆盖"之意。此处为"掺和"之意。

12 | 舒州，在今安徽安庆一带。州牧，一州之长。

这相当于下战书呀！郎士元不能拒绝。

邀请郎士元来喝茶那天早晨，马燧做了充分准备：切上一斤羊肉，均匀地分布在一张大胡饼中间，在饼和羊肉间撒上胡椒和豆豉。接着刷一遍油酥，用炉火烤，等到羊肉半熟时，拿出来吃了。当时把这叫"古娄子"。马燧一早起来，吃了这卷卷了一斤羊肉的"古娄子"，等到郎士元来时，马燧喉咙干得像烧砖的窑，口渴得不行。他急忙叫人备茶，两人一口气喝了 20 来碗。正值壮年的马燧将军，因吃了"古娄子"，口干舌燥，正待茶水"灭火"，而年老的诗人郎士元空腹而来，20 来碗茶下肚已经受不了。诗人几次提出不喝了，马燧说："你说我马镇西不入茶，可我还在喝，你为什么推辞了？"两人又喝了七碗，郎士元坚决不再喝，辞别出门。上马时，"气液俱下"，甚是狼狈。郎士元回去后病了几十天，马燧将军送给他 200 匹绢，表示歉意。

马燧是唐中期名将，生于 726 年，卒于 795 年。郎士元生卒年月不详，按王谠《唐语林》的说法，马燧正值壮年而郎士元已经是老人，他不会晚于 710 年出生。

14. "清苦先生"

用拟人化手法写茶，为其立传，始于宋代大文豪苏东坡，他的《叶嘉传》，大胆想象，塑造了一个个性鲜明的人物形象——叶嘉。他从受宠到失宠，经历曲折。他通达时，以道德立身，忠君爱国，追求建功立业；在被疏远失宠时，隐退山野，追求个性自由。叶嘉，是茶的化名，写叶嘉就是写茶，赞美叶嘉就是赞美茶。受苏东坡的影响，后世有多篇以拟人化手法为茶立传的文章，如元朝杨维桢的《清苦先生传》，明代徐岩泉的《六安州茶居士传》、支中夫的《味苦居士传》等。其中，短小精悍、颇具代表性的是杨维桢的《清苦先生传》。

《清苦先生传》（今译）：

先生姓贾名茶，字舜之，别号茗仙。祖籍江苏阳羡（今宜兴），家系源远流长，子孙散居于各地。清苦先生幼年聪颖奇异，在整个家族中，他的风度品格韵味最为突出。先生隐居于苏州虎丘山，是陆羽、卢仝最要好的朋友，被称为吴地三杰。陆、卢二人出游，必携先生随行，因此感情日益深厚，大家把他们看作生死之交。

先生爽朗明快，总能给人以芳香清纯的感觉；先生豁达，心胸敞亮，总能消解他人心中块垒；先生不谄媚，不阿谀。凡有请求，必闭门锁户打点行装，让人提携前往。四面八方的人都与他亲密友善，虽土屋茅舍，也常见他的身影。有人在月夜里泛舟扬子江上，取金山的中泠泉水来泡茶，品评此泉为天下第一泉，因此文人墨客来此取泉水泡茶的络绎不绝。先生尤其喜欢僧室道院，特别喜欢那竹木花草繁茂、水清石奇的环境，徜徉其间，悠然自得，不忍离去。于是在那建一间小屋，屋上挂一牌匾，上书"松风深处"，小屋里摆上古董珍玩，掘土成灶，以树根或木炭生火，在炭灰中煨地瓜栗子，以为饮茶之茶点。有诗描写这一情景："松风乍响匙翻雪，梅影初横月到窗。"弹琴下棋之境、宴席之间，先生都是不可或缺的媒介与调解剂。先生能醒脑解酒，面对喝醉酒的人，他扶身挃袖帮助。在他的帮助下，喝醉了酒能得到缓解。

先生自小嗜好诗书，熟悉百家之论，诵读到深夜也不感到疲倦。所到之处，其高雅风趣、纯真率直受人称赞，诋毁之言则无。口渴者将他视为甘露，精神萎靡不振的人，把他看作提神醒脑令人振奋的"醍醐"。有人称赞他，给他以美名，他不在乎；有人故意坏他的名声，他不跟他们计较。他清纯正直高洁，有如此操守，很少有人能与他相比，人们把他称为伯夷第二。他的品格风范，黄庭坚的《煎茶赋》写得很全面了；他的经历身世始末，蔡君谟介绍得很详尽了，在此就不啰唆了。

传的末尾，仿《史记》写法，用"太史公曰"开头，以小说家的笔法，虚虚实实，追溯"贾"姓来源，以东汉贾谊遭排挤被贬谪，喻茶生长在偏僻之乡，隐居山野。最后称赞茶清爽高洁，任劳任怨，成为民众生活之必需，是忠诚专一的君子。

这篇拟人化的作品，用了大量隐喻笔法。茶清纯甘凉，微有苦味，用"清苦先生"代之。茶，又名槚（jiǎ）、茗、荈，假借为姓"贾"，字荈之，别号茗仙。"阳羡"是产名茶的地方，借来指清苦先生的祖居地。虎丘也是产名茶的地方，变成清苦先生的隐居地。唐朝的陆羽著有《茶经》，卢仝著有《茶谱》等，对茶学有巨大贡献，他们嗜茶、爱茶，将他们二人与茶称为至交好友，喻为"三杰"，再恰当不过了。僧侣、道士普遍喜欢喝茶，道观、寺院安宁、恬静，也是品茶的好去处；文人墨客，弹琴、下棋离不开茶，甚至宴席中、酒桌上也少不了茶。"少嗜诗书""终不告倦"，说的是茶有提神驱困之功效，对读书人大有益处。对"昏暝者"如醍醐，也是这个意思。北宋黄庭坚的《煎茶赋》对茶的功效、品茶的格调、佐茶的宜忌作了生动描述；北宋的蔡君谟任职福建时，对茶的加工改善颇有建树，他著有《茶录》，对建安茶有专门论述，他对"点茶"亦有很深研究。杨维桢点出此二人对茶全面详尽论述，作结整篇传记。

延伸阅读

清苦先生传

（元）杨维桢

先生名槚，字荈之，姓贾氏，别号茗仙。其先阳羡人也，世系绵远，散处之中州者不一。先生幼而颖异，于诸眷族中，最其风致。卜居隐于姑苏之虎丘，与陆羽、卢仝辈相友善，号勾吴三隽。每二人游，必挟先生随之，以故情谊日殷，众咸目之为死生交。

然先生之为人，芬馥而爽朗，磊落而疏豁，不媚于世，不阿于俗。凡有请求，则必摄缄縢固扃鐍（jué），假人提携而往。四方之士多亲炙之，虽穷檐荜屋，足迹未尝少绝。偶乘月大江泛舟，取金山中泠瀹之，因品为第一泉，逐遨游不辍。尤喜僧室道院，贪爱其花竹繁茂，水石清奇，徜徉容与，遒（yōu，同"悠"）然不忍去，构小轩一所，扁曰："松风深处"，中设鼎彝、玩好之物，垆烧榾柮，煨芋栗而啜。因赋诗有"松风乍响匙翻雪，梅影初横月到窗"之句。或琴弈之间，樽俎之上，先生无不价焉。又性恶旨酒，每对醉客，必攘袂而剖析之。客醉，亦因之而少解。少嗜诗书百家之学，诵至夜分，终不告倦。所至高其风味，乐其真率，而无诋评之者。而里之枯吻者，仰之如甘露；昏暝者，饫之若醍醐。或誉之以嘉名，而先生亦不以为华；或哳之非义，而先生亦不与之较。其清苦狷介之操类如此，或者比伦之，以为伯夷之亚。其标格，具于黄太史鲁直之赋；其颠末，详诸蔡司谏君谟之性，兹故弗及赘也。

太史公曰：贾氏有二出，其一，晋文公舅子犯之子狐射姑食采于贾，后世因以为姓。至汉文时，洛阳少年谊，挟经济之才，上治安之策。帝以其深达国体，欲位之以卿相。洚灌之徒扼之，遂疏出之为梁王太傅，弗伸厥志，虽其子孙蕃衍，终亦不振。有僭拟龙凤团为号者，义其疏逖之属，各以骄贵夸侈，日思竞以旗枪。宗人咸相戒曰：彼稔恶不悛，惧就烹于鼎镬，盖逃之。或隐于蒙山，或遁于建溪，居无何而祸作，后竟泯泯无闻，惟先生以清风苦节高之。

故没齿而无怨言，其亦庶几乎笃志君子矣。

15．茶酒争功

喝茶好还是喝酒好？这早在唐代就有争论了，且争论不休。

1987年春节联欢晚会上，马季、王金宝等表演的群口相声《五官争功》至今深受人们喜爱。不过，早在1000多年前的唐朝，乡贡进士王敷写了一篇《茶酒论》，就与《五官争功》颇为相似。《茶酒论》以拟人手法、对话方式写茶与酒各自争功摆好，述己所长，攻彼之短。文章广征博引，取譬设喻，排比对仗，趣味横生。下面简译几段以飨各位：

茶走出来说：各位不要瞎嚷嚷，我来跟你们说一说。茶是百草之首，万木之英，贵在摘蕊，重在采芽。虽属草木，却叫作茶。它被送进王侯之府，奉献于帝王之家。按时节采造，趁新鲜进献，享尽一世荣华。如此尊贵，哪里用着去夸！

酒出来说：太可笑了！从古至今，都知道茶贱酒贵。"箪醪投河"的故事听说过吗？古代一将军把别人送他的酒倾倒到河中与军士们共饮，情醉三军。君王饮了酒，人呼万岁；臣子们饮了酒，报国不畏死生。酒让人健身壮体延缓死亡，鬼神都贪享它的香气。酒和食物有益于人，无甚坏处。喝酒行令，尊崇仁义礼智信。酒自应当为尊，茶哪能跟它相比！

茶对酒说：难道你不知道浮梁、歙州茶，万国来求？四川的蒙顶茶，人们翻山越岭去找。销售舒城、太湖茶，足可购买奴婢；在越地卖余杭茶，财富多得随便用金帛包包。人们称茶为"素紫天子"，获此尊荣者，世间甚少。前来买茶的商人络绎不绝，舟车都塞满了道路码头。这么多理由，你比比谁大谁小？

酒不甘示弱：难道你不知道乾和酒，可换取锦帛绫罗？蒲桃、九酝美酒，能滋身养颜。菊花、竹叶酒，是君王交接王位时用的酒。中山郡著名酿酒师赵母配制的美酒，甘甜醇厚、滋味千般。刘玄石饮"千日酒"，一醉三年，奇谈至今流传。饮酒让乡邻和睦，军士和谐。你那笨脑瓜子，想想这些吧！

茶和酒举出很多事例称颂自己，贬斥对方，斗得不可开交，水在一旁看不下去了，出来劝架，各打50大板：茶不得水，还有什么？酒不得水，什么也不是！米和曲干吃，损伤肠胃；茶叶片干吃，只会刺破喉咙！只有相互合作、相辅相成，才能"酒店发富，茶坊不穷"。最后告诫茶与酒：长做兄弟，方能始终，二位永世不得害酒癫茶疯。

有趣的是，继《茶酒论》之后，藏族也出了一篇《茶酒仙女》的文章，写的是：在一次王臣饭宴上，茶仙与酒仙各自在王前呈词，夸耀自己，贬低对方。布依族也有一篇千字短文：《茶和酒》，与《茶酒论》相似。在日本，也有一篇《酒茶论》的文章，不过出现在 1576 年，用汉文写成，对话形式，像一幕话剧。

英国诗人彼得·莫妥（Peter Motteux）1712 年写的长篇散文诗歌《赞茶诗》（A Poem in Praise of Tea），描述奥林匹斯山上众神之间的一场辩论，辩论的主题是酒和茶的好处。公正的赫柏（希腊神话中的青春女神，赫拉和宙斯之女，也是奥林匹斯山诸神的侍女）建议用茶代替更易醉人的酒。经过茶方和酒方长时间激烈辩论，结果证明，酒越喝伤害越大，而茶越喝越健康和快乐。酒用毁灭性的气体征服了人类，而茶叶帮助人类战胜酒，征服了酒。酒使人的头脑发热，而茶叶只带来光明，却没有火焰。

延伸阅读

茶酒争奇（缩略）

（明）邓志谟

河东地区有一姓上官的读书人，家财万贯，极为豪爽。他的别墅中陈列着各种茶具、酒具，屋后有一山洞，东边画着茶神陆羽像，西边画了酒神杜康像。客人来了，既喝茶又饮酒，无不尽欢而别。

一天，茶尽酒酣，月儿初升，众宾散去。上官之子小睡，忽至一处，见他家屋后洞中所画茶神、酒神各率数十人，喧喧嚷嚷，好不热闹。

先是茶神与酒神争论是茶在先还是酒在先，茶更好还是酒更好，茶的优品多还是酒的优品多，茶更有益还是酒更有益。接着，"草魁"嫌茶神讲得太斯文，争着跟酒神辩，"青州从事"则抢着代表酒神与草魁辩论。他们都引用文人墨客的诗句赞美自己的好、美、有益无害，如草魁说："生凉好唤鸡苏佛，回味宜称橄榄仙，哪个似陶彝之知趣？"青州从事则说："玉蕤春成泉漱石，葡萄秋熟艳流霞，哪个似逸民之大雅？"

在他们争论不休时，"武夷"和"麻姑"插进来，分别代表茶酒互相争辩。他们仍是大量引用诗句各自争雄，都有出处，而且兵对兵、将对将，半斤对八两——武夷："一两能祛宿疾，二两眼前无疾，三两换骨，四两成地仙。你哪里有这样的利益？"麻姑："一樽可以论文，三斗可以壮胆，五斗可以解醒，一石而臣心最欢。你哪里有这等利益？"

他俩从赞美自己到贬抑对方。茶中"建安"一听对方对茶出言不逊，大怒，他急急上场，让武夷君退。酒中的"曲生"秀才，也不相让，争先上场来辩。他们的辩法是"借茶损茶""拿酒损酒"——建安："醉时颠蹶醒时羞，曲蘗催人不自由，酒酒真个无廉耻。"曲生接过来："枯肠未易禁三碗，坐听山城长短更，茶茶真个焦躁人。"建安："李白好饮酒，欲与铛杓同生死，何不顾身？"曲生："老姥市茗，州法曹系之狱，几乎丧命。"

接着上场的是"茶董"和"酒颠"，他们针尖对麦芒，兵来将挡，水来土掩，分不出高下。茶中的"酪奴"和酒中的"平原督邮"奔跳上场。这两人不引经据典，只把对方的短来揭。揭来揭去，恼羞成怒，大打出手。酪奴把玉杯、金盏、酒樽、酒坛尽行打碎；督邮则把玉钟、金瓯、茶壶、茶锅统统砸了。一看这状况，茶神陆羽、酒神杜康急忙制止，说着"有茶必有酒，有酒必有茶"，大家不分离之类的好言，并且差人分别办茶办酒，同饮相叙而别。

事后，酪奴和督邮各感不平，分别修书一封，上奏水火二官。水火二官看毕大怒，将"酪奴"和"督邮"呼至殿下。二人俯伏于殿前，听候水火二官训斥。训后，水火二官判：酪奴将《四书》集成茶文章一篇，又将曲牌名串合茶意一篇；督邮将《四书》集成酒文章一篇，又将曲牌名串合酒意一篇。二官将根据文章的优劣进行最后裁夺。

酪奴和督邮急急哉，按"起承转合"八股文格式，写成"茶四书文章""酒四书文章"和"茶集曲牌名""酒集曲牌名"，上呈水火二官。对"茶四书文章"，水官批：文肖其人，清光可掬；火官批：以己清明之思，印千古圣贤之旨，得在意外，会在象先。对"酒四书文章"，水官批：文肖其人，醇和可爱；火官批：说许多雅趣大观，叫人怎么戒得酒。对"茶集曲牌名"和"酒集曲牌名"，二官的评语都很好。

水火二官最后判决：酪奴、督邮二人无故争竞，本当重罪，因念礼义所关，情趣可爱，姑恕二人之罪。让酪奴回去查假茶，督邮回去查假酒、酸酒。

最后上官之子醒了，整个都是梦。前述茶酒争奇，是录梦之始末也。

结束前，还附加"庆寿茶酒"戏。戏中，生、小生、外、净、旦、小旦、丑，角色一应俱全，各个扮演茶酒角色，说茶论酒，为主人庆寿。这出戏不是茶酒争奇摆功，是共同祝寿！

文人骚客关于茶酒的评价

热肠如沸，茶不胜酒；幽韵如云，酒不胜茶。酒类侠，茶类隐，酒固道广，茶亦德素。

——（明）陈继儒《小窗幽记》卷五"集素"

（龙膺）视茶酒"如左右手，两相为用，缺一不可。颂酒德，赞酒功，著《茶经》，称《水品》，合之双美，离之两伤"。

——（明）朱之蕃《〈蒙史〉题辞》

王佛大常言："三日不饮酒，觉形神不复相亲。"余谓一日不饮茶，不独形神不相亲，且语言亦觉无味矣。

——（明）徐燉《茗谭》

酒耶茶耶俱我友，醉更名茶醒名酒。

——（明）王世贞《醉茶轩歌为詹翰林东图作》

茶与酒清浊美恶，入口自知。所贵君子之交，淡而有味，香胜者未为上品。

——（清）《六合县志》辑录的《茗笈》

16. 茶墨之辩 —— 苏轼 VS 司马光

宋代有桩趣事：一次斗茶中，苏东坡的白茶得第一，司马光有点不服，想难一下苏学士，便问："茶与墨，二者正相反。茶欲白，墨欲黑；茶欲重，墨欲轻；茶欲新，墨欲陈。如君子小人不同。"他问苏轼：君何以爱此两物？司马光问得有趣，当时饮茶要把茶碾成粉末，无论煎茶还是点茶，茶汤表面都要白，因而时兴用黑色的茶盏，饮茶时茶盏黑，茶汤白，黑白分明。所以是"茶欲白，墨欲黑"，墨当然越黑越好。"茶欲重"不是指分量重，而是指厚重：清香、甘醇甚至苦涩等茶味厚重，煎煮出来味道醇厚、香味浓郁；"墨欲轻"也不是指重量轻，而是指制作优良，墨块轻灵，研出来的墨晕染均匀。"茶欲新"好理解，指新鲜；"墨欲陈"，陈墨远胜新墨，故有"笔陈如草，墨陈如宝"之说，陈墨胶质自然锐化，墨色厚重，书写流畅。

苏东坡是大才子，他反应敏捷，很快回答："奇茶妙墨俱香，是其德同也；皆坚是其操同也。譬如贤人君子，黔皙美恶之不同，其德操一也。公以为然否？"苏东坡针锋相对，举出茶与墨的共同点，而且是品格情操上的相同：茶与墨皆香，这是它们共同的"德"——予人以馨香。它们都坚硬，这是它们共同的操守。就像贤人与君子，他们肤色不同、好恶相异，但他们都有共同的道德与操守。您认为是否如此？苏东坡回答得真好！司马光当然是"以为然"，同意苏东坡的看法。

这就是著名的苏东坡与司马光的"茶墨之辩"。苏东坡短文《记温公论茶墨》曾记此事。"茶墨俱香"也常被后人沿用，以述说文人的雅趣。

延伸阅读

书茶墨相反

茶欲其白，常患其黑。墨则反是。然墨磨隔宿则色暗，茶碾过日则香减，颇相似也。茶以新为贵，墨以古为佳，又相反矣。茶可于口，墨可于目。蔡君谟老病不能饮，则烹而玩之。吕行甫好藏墨而不能书，则时磨而小啜之。此又可以发来者之一笑也。

——《苏轼文集》第七十卷

17．给茶具佩戴官帽

唐朝陆羽之前，茶只用鼎镬（huò，锅）煮，就像煮粥、煮菜。陆羽改进了饮茶方法，设计创造了加工、煎饮器具，计24种。宋朝时兴点茶，茶具有所增减。

宋朝的审安老人著有《茶具图赞》，用拟人化手法，赋予12种茶具姓、名、字、雅号和官名，并写一段赞语，既准确又有趣。"审安老人"姓甚名谁，已不可考。12种茶具为：

韦鸿胪，名文鼎，字景旸，号四窗闲叟。

韦鸿胪，是茶焙笼，用来烘焙茶叶的竹笼。

姓"韦"，表示由坚韧的竹片制成；"鸿胪"是执掌朝廷祭祀礼仪的机构，"胪"与"炉"谐音双关。名"文鼎"、字"景旸"，表示它是生火的茶炉；号"四窗闲叟"表示茶炉开有四个窗，可以通风，出灰。

木待制，名利济，字忘机，号隔竹居人。

木待制，指捣茶用的茶臼，包括茶臼和茶槌。用来把茶捶、捣碎，一般用木头制成。

姓"木"，表示是木头制成的；"待制"是官职名，为轮流值日，以备顾问之意。

金法曹，名研古、轹古，字元锴、仲铿，号雍之旧民、和琴先生。

金法曹，指碾茶用的茶碾，包括碾槽和碾轮，一般用金属制成。

姓"金"，表示用金属制成；"法曹"是司法机关。

石转运，名凿齿，字遄行，号香屋隐君。

石转运，指磨茶用的茶磨。

姓"石"，表示用石凿成；"转运"即转运使，是唐以后各王朝掌管运输事务的官员，但从字面上看有辗转运行之意，与磨盘的操作十分吻合。"凿齿"寓上下磨盘被凿出齿纹；"遄行"则寓推磨时上圆盘要转圈；"香屋隐君"则寓茶磨安置在屋子里，磨茶时满室飘香。

胡员外，名惟一，字宗许，号贮月仙翁。

胡员外，指的是量水用的水杓。

姓"胡"，暗示用葫芦制成；"员外"是官名，"员"与"圆"谐音，"员外"暗示用葫芦做成的水杓外观呈圆形。

罗枢密，名若药，字传师，号思隐寮长。

罗枢密，指的是筛茶用的茶罗。

姓"罗"，表明筛网用罗绢敷成；"枢密使"是执掌军事的最高官员，"枢密"又与"疏密"谐音，和筛子特征相合。

宗从事，名子弗，字不遗，号扫云溪友。

宗从事，是清理茶具、茶几等用的茶帚。

姓"宗"，表示用棕丝制成，棕丝可结绳、制帚、编床等；"从事"是州郡长官的僚属，专事琐碎杂务。"弗"即"拂"；"不遗"是此官职的职责，也是茶帚的职责；"扫云"，就是掸扫之意。

漆雕秘阁，名承之，字易持，号古台老人。

漆雕秘阁，是盛茶末用的盏托。

复姓"漆雕"，表明它是木制雕花的，漆过，外形甚美；"秘阁"为君主藏书之地，宋代有"直秘阁"之官职，茶托承托茶盏，用"秘阁"寓其为君子们服务。

陶宝文，名去越，字自厚，号兔园上客。

陶宝文，是茶盏，今之茶杯。

姓"陶"，表明用陶瓷做成；"宝文"，古代预示祥瑞的文字，这里是"审安老人"创造出来的一个官衔，按赞语中说的"位官秘阁"，是比"秘阁"更高的职位。"宝文"之"文"通"纹"，唐宋时高档茶盏都饰有美丽的花纹。"去越"寓意非"越窑"所产，"自厚"指壁厚，加上"兔园上客"的号，联系起来，表明不是越窑所产而是著名的"建窑"所产，建窑出品的"兔毫盏"很有名。

汤提点，名发新，字一鸣，号温谷遗老。

汤提点，是注茶汤用的汤瓶。

"汤"即热水，姓"汤"表明与沏茶的热水相关；"提点"是官名，含"提举点检"之意。古人煎茶、点茶，讲究水刚烧开最合适，不能烧到滚开，否则"汤老矣"。"发新"是热水刚烧开不老，"一鸣"指沸水发出的第一声滚开之声。

竺副帅，名善调，字希点，号雪涛公子。

竺副帅，指的是调拂茶汤用的茶筅。唐人煎茶、宋人点茶，都是用的茶末。茶筅是点茶时用来让茶末与热水充分混合的搅拌工具。

姓"竺"，竺、竹同音，表明用竹制成；"副帅"是副官、副指挥官。"善调"指茶筅调拂功能强；"希点"寓茶筅能为"汤提点"服好务，"雪涛"指茶筅调制后，茶碗上的浮沫如雪涛般漂亮。宋人点茶，追求茶沫浮在碗面上如"乳面"的效果。

司职方，名成式，字如素，号洁斋居士。

司职方，指清洁茶具用的茶巾。

姓"司"，表明为丝织品；"职方"是掌管地图与方面[13]的官名，唐宋时兵部设有职方司，这里寓指茶巾是方形的。"如素""洁斋"均指用它来清洁茶具。

延伸阅读

茶具图赞语

（宋）审安老人

韦鸿胪赞曰：祝融司夏，万物焦烁，火炎昆岗，玉石俱焚，尔无与焉。乃若不使山谷之英堕于涂炭，子与有力矣。上卿之号，颇著微称。

木待制赞曰：上应列宿，万民以济，禀性刚直，摧折强梗，使随方逐圆之徒，不能保其身，善则善矣，然非佐以法曹、资之枢密，亦莫能成厥功。

金法曹赞曰：柔亦不茹，刚亦不吐，圆机运用，一皆有法，使强梗者不得殊轨乱辙，岂不韪欤？

石转运赞曰：抱坚质，怀直心，啮嚅英华，周行不怠，斡摘山之利，操漕权之重，循环自常，不舍正而适他，虽没齿无怨言。

胡员外赞曰：周旋中规而不逾其间，动静有常而性苦其卓，郁结之患悉能破之，虽中无所有而外能研究，其精微不足以望圆机之士。

罗枢密赞曰：几事不密则害成，今高者抑之，下者扬之，使精粗不致于混淆，人其难诸！奈何矜细行而事喧哗，惜之。

宗从事赞曰：孔门高弟，当洒扫应对事之末者，亦所不弃，又况能萃其既散、拾其已遗，运寸毫而使边尘不飞，功亦善哉。

漆雕秘阁赞曰：危而不持，颠而不扶，则吾斯之未能信。以其弭执热之患，无坳堂之覆，故宜辅以宝文，而亲近君子。

陶宝文赞曰：出河滨而无苦窳，经纬之象，刚柔之理，炳其绷中，虚己待物，不饰外貌，位高秘阁，宜无愧焉。

汤提点赞曰：养浩然之气，发沸腾之声，以执中之能，辅成汤之德，斟酌宾主间，功迈仲叔围，然未免外烁之忧，复有内热之患，奈何？

竺副帅赞曰：首阳饿夫，毅谏于兵沸之时，方金鼎扬汤，能探其沸者几稀！子之清节，独以身试，非临难不顾者畴见尔。

司职方赞曰：互乡童子，圣人犹且与其进，况瑞方质素经纬有理，终身涅而不缁者，此孔子之所以与洁也。

18．苏东坡回文茶诗

回文，是颠来倒去都读得通的词汇或语句。回文诗，是回还往复、正读倒读都成章句的诗。回文诗又称回文体，是我国古典诗中一种较为独特的体裁。回文诗有很多形式，如从最末一字倒读至开头一字，成另一首诗；下一句诗为上一句诗的回读；后半句为前半句的回文；等等。

回文是汉语的奇观，回文诗是中国文化的奇观。

回文诗从魏晋开始出现，到宋代已大为盛行，曹植、庾信、萧衍、皮日休、陆龟蒙都写有回文诗，多才多艺、诙谐风趣的苏轼更是写了大量的回文诗，如《题金山寺回文体》、《题织锦图》回文六首，等等。

最有意思的是他的《记梦二首》回文诗，与茶、梦、美人都相关。他在诗前的短序中说：十二月二十五日，大雪初晴，他梦见自己用雪水烹煮小龙团茶，一旁有美丽的女子歌舞助兴。他在梦中写了一首回文诗，记这令人难忘的情景，但醒来时只记得其中一句：乱点余花唾碧衫。他趁着梦意还未尽消，一口气写出两首回文绝句，这就是《记梦二首》：

其一

酡颜玉碗捧纤纤，乱点余花唾碧衫。

歌咽水云凝静院，梦惊松雪落空岩。

这第一首绝句，就是梦中情景：红颜玉臂捧来茶碗，丽人在一旁翩翩起舞，动听的歌声在宁静的庭院飘绕，梦里惊醒，眼前只有空山松树雪花。

回文诗：

岩空落雪松惊梦，院静凝云水咽歌。

衫碧唾花余点乱，纤纤捧碗玉颜酡。

回文诗是梦醒后对梦中情景的回忆、体味。

其二

空花落尽酒倾缸，日上山融雪涨江。

红焙浅瓯新火活，龙团小碾斗晴窗。

第二首，把取水备茶、生火煎茶、瓯盛慢饮的品茗画面写得活灵活现。

回文诗：

窗晴斗碾小团龙，活火新瓯浅焙红。

江涨雪融山上日，缸倾酒尽落花空。

倒读的回文诗是又一幅画面：雅人高士窗前碾茶，亲自烹煮，细细品茗，以茶代酒。

19. 李清照伉俪"赌书泼茶"

写出"寻寻觅觅，冷冷清清，凄凄惨惨戚戚"、被称为婉约词派代表、"千古第一才女"的李清照，与夫婿赵明诚琴瑟和鸣、夫咏妇和的故事大家都知道，但对他们伉俪"赌书泼茶"的事却不一定清楚。

这故事是李清照自己写出来的，在她的《〈金石录〉后序》中写得很明白。《金石录》为赵明诚、李清照夫妇所著，刊录他们所见到的从上古三代至隋唐五代以来钟鼎、彝器的铭文款识和碑铭墓志等石刻文字，是中国最早的金石目录和研究专著之一。全书30卷，赵明诚撰写了大部分，李清照完成其余部分并撰写了后序。

李清照在《〈金石录〉后序》中说："余性偶强记，每饭罢，坐归来堂，烹茶，指堆积书史，言某事在某书某卷第几叶

（页）第几行，以中否角胜负，为饮茶先后。中，即举杯大笑，至茶倾覆怀中，反不得饮而起。甘心老是乡矣！故虽处忧患困穷，而志不屈。"

这是李清照与赵明诚寄居青州专心治学的时期。夫妻俩爱书嗜茶，每得到一本好书，便共同校勘、整理。得到书画、彝鼎等文物，则一起把玩赏析。李清照博闻强识、才思敏捷，颇为自负，她自创一种茶令游戏，互考经中典故。每次饭后烹茶，夫妻中一人问某典故出自哪本书哪一卷的第几页第几行，答中先喝。赢者哈哈大笑，往往因太过于开心，茶水常常洒了一身。

清代的满族词人纳兰性德的《浣溪沙·谁念西风独自凉》就用了赵明诚、李清照伉俪"赌书泼茶"的典故：

> 谁念西风独自凉，
> 萧萧黄叶闭疏窗，
> 沉思往事立残阳。
> 被酒莫惊春睡重，
> 赌书消得泼茶香，
> 当时只道是寻常。

20．陆游"自在茶"

陆游既是诗人，也是宋代著名的茶人，他是最懂茶的诗人，也是诗作最多的茶人。他生于茶乡，做过茶官——福建、江西"提举常平茶盐公事"，晚年归隐茶乡。他自称茶圣陆羽转世，自号茶神，创作了300多首茶诗，是创作茶诗最多的诗人。

陆游诗中提及很多当时的名茶，如"饭囊酒瓮纷纷是，谁赏蒙山紫笋香"——四川紫笋茶；"遥想解酲须底物，隆兴第一壑源春"——福建壑源春；"焚香细读斜川集，候火亲烹顾渚茶"——浙江顾渚茶；"嫩白半瓯尝日铸，硬黄一卷学兰亭"——绍兴日铸茶；"春残犹看少城花，雪里来尝北苑茶"——福建北苑茶；"建溪官茶天下绝，香味欲全须小雪"——福建建溪茶；"峡人住多楚人少，土铛争饷茱萸茶"——湖北茱萸茶；"何时一饱与子同，更煎土茗浮甘菊"——四川菊花土茗；"寒泉自换菖蒲水，活火闲煎橄榄茶"——浙江橄榄茶……

陆游特别提到一种茶"自在茶"，这算他"独创"的茶名。他的《南堂杂兴》诗有一首说："茆檐唤客家常饭，竹院随僧自在茶。"茅檐下，僧人呼唤客人吃家常饭；竹院里，客人随意喝僧人的自在茶。什么是"自在茶"？陆游《剑南诗稿》自注解释说："绍兴初，僧唤客茶各随意多少，谓之自在茶，今遂成俗。"原来这"自在茶"是自由自在地喝，可以如卢仝一气喝七碗，直至"两腋习习清风生"；也可像皎然，"三饮便得道，何须苦心破烦恼"。北宋绍兴年间，这种饮茶方式在寺院已成习俗。

延伸阅读

奔走当年一念差，归休别觉是生涯。

茆檐唤客家常饭，竹院随僧自在茶。

禅欠遍参宁得髓？诗缘独学不名家。

如今百事无能解，只拟清秋上钓槎。

——（宋）陆游《南堂杂兴》

茶熟香清，有客到门可喜；鸟啼花落，无人亦自悠然。

——（明）屠隆

21. 陆游父子戏分茶

宋代爱国诗人陆游，一部《剑南诗稿》，收入他的诗 9300 多首，其中茶诗 300 多首。这些诗对植茶、采茶、卖茶、磨茶、煎茶、分茶、斗茶、名茶、茶具、茶情、茶意……都有生动具体的描述。他病中夜读，难以成眠，便在黑夜里汲井水煎茶，他把这写成《夜汲井水煮茶》一诗。最有意思的是，他还跟儿子玩分茶的游戏。

分茶，是宋代斗茶衍生出来的一种游戏，本书"茶百戏"条目专门做了介绍。宋朝许多文人喜爱这一游戏，陆游不但自己玩，还跟儿子一起玩。他的《疏山东堂昼眠》写的正是此游戏："饭饱眼欲闭，心闲身自安。乐超六欲界，美过八珍盘。香缕萦檐断，松风逼枕寒。吾儿解原梦，为我转云团。""转云团"即指分茶游戏。此诗作于淳熙七年（1180 年），那一年陆游 55 岁，在抚州（今江西临川）任茶盐专卖的官员。诗后有一条自注："是日约子分茶。""约子"即陆约，是他的第五子，这年 15 岁。老父少子同玩分茶游戏，颇有闲情逸致。

陆游的《临安春雨初霁》也写到分茶，不过儿子陆约并不在身旁，他只能一人无聊地玩着分茶游戏："世味年来薄似纱，谁令骑马客京华。小楼一夜听春雨，深巷明朝卖杏花。矮纸斜行闲作草，晴窗细乳戏分茶。素衣莫起风尘叹，犹及清明可到家。"此诗作于 1186 年，陆游赋闲五年后，突然被皇帝宋孝宗召见，从家乡山阴来到京城临安（今杭州），"骑马客京华"。陆游虽然 62 岁了，仍希望受到重用，甚至愿赴前方杀敌立功。但是，皇帝只欣赏闲适诗人的才华，并不委以重任。陆游只好在春雨小楼中写写草书、玩玩分茶游戏以自遣。

22．知府大人与官妓周韶斗茶

2022 年 5 月 21 日，是小满节气，某厂家一则《人生小满》的广告获得了上亿的浏览量，但广告涉嫌抄袭。"北大满哥"把他两年前的微博发出来，与《人生小满》逐段对比，不难发现《人生小满》广告文案严重抄袭。很快，网友发现《人生小满》广告最后的一首诗，也不完全是"北大满哥"原创。它的第一句"花未全开月未圆"最早出自北宋的蔡襄。于是，网上不断有人问蔡襄是谁？有人传蔡襄是宋朝权臣蔡京的儿子，在网络问答中甚至有人肯定地回答说蔡襄是蔡京的堂兄弟。

蔡襄、蔡京虽然都姓蔡，都出生在今天的福建仙游县枫泽镇，但不同村，两家相距几公里远，是否"500 年前是一家"不好说，但可以确定的是：他们不是近亲。蔡襄生于 1012 年，逝于 1067 年；蔡京 1047 年生人，他中进士时蔡襄已经去世。蔡京先后 4 次任宰相，共计 17 年，但名声很坏，是历史上著名的权臣、奸相，甚至被时人称为"六贼之首"。

蔡襄是著名的书法家、政治家、茶学家。他的书法自成一体，为"宋四家"之一。他著有《茶录》，总结制茶、品茶经验，颇受后世重视。他任福建路转运使期间，始创用北苑茶制作小团龙凤茶，成为珍品。在蔡襄之前，丁谓用福建的北苑茶制成龙凤饼茶（大团龙凤），进贡朝廷。所以，茶学界有"前丁后蔡"之说。苏东坡《荔枝叹》诗中有"前丁后蔡相宠加"之句。

蔡襄是真正的茶学家，晚年出任杭州知府，对茶事特别在心、种茶、护茶，加工制作，品评茶叶，他都关心。闲来还会搞上几场斗茶。斗茶，是点茶比赛，也称"茗战"，是当时文人喜欢的茶游戏，二三人或三五人比赛谁点试的茶色香味更佳、茶碗上的水痕更少。

不过，蔡襄是杭州的最高行政长官，又是茶学家，烹茶品茶名家，没人斗茶能胜他。但有一个不知天高地厚的官妓周韶，硬是斗茶胜了蔡襄。

苏东坡在蔡襄去世后曾两次任职杭州，他听说了蔡襄斗茶的故事，将其写入他的《天际乌云帖》（又称《嵩阳帖》）中：杭州营籍周韶多蓄奇茗，常与君谟斗，胜之。君谟是蔡襄的字。

周韶何许人？苏东坡为什么说她是"杭州营籍"？宋朝有官妓（伎），又称营妓（伎），是由官府集中管理的具有才艺的歌妓（伎），被造册登记在官府乐籍之上，随时听命应召。她们一般的来源为罪犯的妻女、被抄没的大户人家的妻女、官妓的后代或收养的孤儿等。她们提供乐艺服务，也有提供身体服务的。她们没有自主择业和成家的人身自由。要想脱籍从良，需要地方最高长官特批，销掉其乐籍，才能成为自由人。苏东坡的《天际乌云帖》在写完周韶斗茶胜了蔡襄后，还记载了周韶落籍的故事：北宋官员、天文学家、药物学家苏颂（字子容）路过杭州时，杭州知府陈襄设宴招待，让周韶助兴。席间，周韶请求落籍。苏颂说：你作一首绝句来听听。周韶提笔写就一首《求落籍》（后名《白鹦鹉》）。周韶当时一身白衣，而诗中有"开笼若放雪衣女，长念观音般若经"之句。看了周韶的诗，满座皆叹。因其才气过人，知府陈襄批准了周韶落籍。

扯远了，还是回头看周韶如何跟大茶学家、杭州知府蔡襄斗茶的吧。

蔡襄作为杭州知府，少不了宴客。周韶是官妓中的名妓，蔡襄宴客常常让周韶作为歌伎助兴表演。加上周韶颇有才情，异常伶俐，一来二去，周韶跟蔡襄熟了。周韶便斗胆提出跟蔡襄斗茶。蔡襄总是借故推辞。实在推不了，也跟周韶斗两回。当然，周韶总是输，谁让她跟大茶学家斗茶呢。

不过，周韶虽然屡战屡败，但愈败愈勇。她就是不服输，不停地缠着他们的"蔡市长"斗茶。

在治平三年（1066 年）十月，蔡襄任杭州知府一年多了。在一次斗茶中，周韶击败了蔡襄。不过呢，蔡襄以为周韶只不过在闹着玩，见她对输赢太在乎，便依仗自己是"领导"，不承认自己输了。

周韶不气不恼不闹，只是盯着蔡襄看，看得蔡襄都不好意思了，才说："大人认为是周韶输了，那一定是周韶输了。您刚才说了，周韶今天用的茶品够好，茶味够香，茶汤够靓，但还是输给您了。那您认为还要怎样做，周韶才算赢?"

蔡襄算是烦透了，不想再让她纠缠，便道："那你安排一次真正的'茗战'吧，不只是两个人在玩。弄个仪式，找个公人（裁判），寻几个雅士，排场排场一番。"

其实，蔡襄只是随便说说，急着打发周韶离开。没想到，周韶当真了，认认真真筹办起这场"茗战"来。场地寻好了，"公人"定下了，一大拨雅士也都聚上了，就等着蔡襄出场。到这时，蔡襄也不好不给面子了。结果是，杭州知府、撰述大作《茶录》的茶学家蔡襄在公开的场合，斗茶输给了官妓周韶。后来，有人分析，此时蔡襄已经 55 岁，身体欠佳，又未精心准备，而周韶不仅"多蓄奇茗"，点茶技巧娴熟，而且做了最充分的准备。蔡襄输是肯定的。

不久，蔡襄母亲病逝，蔡襄扶柩归乡。第二年，治平四年（1067 年），蔡襄在老家病逝。与周韶的斗茶，或许是蔡襄最后一次斗茶，也是他少有的"茗战"败北，自然是他的一桩憾事。

23．甘草癖

明朝朱元璋做皇帝时，曾任扬州知府的何子华，一次在剖金堂宴客，酒至半酣，他拿出嘉阳（今四川乐山）人严峻画的陆羽像，对客人说："晋朝的王济，懂相马又极爱马，人称'马癖'；晋朝的和峤极爱聚敛钱财，人称'钱癖'；喜爱称赞儿子的被叫'誉儿癖'；像杜预那样沉溺于读《左传》的叫'《左传》癖'。像这个老头儿，沉溺于茶事，该叫他什么癖呢？"座客杨粹仲说："茶虽然珍贵，还是属于草类，是草中甘者，可以追称陆羽为'甘草癖'。"说完，满堂喝彩："恰当，恰当！"

24. 唐庚失具

"唐庚失具"说的是唐庚丢失茶具的故事。唐庚，宋朝人，风流才子，文采斐然，与苏东坡是小同乡，但比苏东坡晚生30余年，因此有"小东坡"之称。

有一次，唐庚的茶具丢失了，他为此写了《失茶具说》，家里的茶具丢了，我告诫妻子不要去找。妻子问："为什么不找？"我回答说："那偷茶具的人必然很喜欢这茶具，因为心里特喜欢才想要得到它，又担心我舍不得给他，才偷。这样，那人得到了他喜欢的东西。人得到所喜欢的，会珍惜它。害怕它被人看到，会把它藏得好好的；担心它损坏，会小心使用、妥善安放。这样一来，茶具得到了很好的使用和保护。人得到自己喜欢的东西，物得到了恰到好处的使用，这不是好事嘛！还要怎么样呢？"妻子说："哈哈！你怎能不穷呢！"

唐庚仕途坎坷，善诗文，好讽喻，丢失茶具一事，经他一解释，传为美谈。

延伸阅读

失茶具说

(宋)唐庚

吾家失茶具，戒妇勿求。妇曰："何也？"吾应之曰："彼

窃者必其所好也。心之所好，则思得之，惧吾靳之不予也，而窃之。则斯人也，得其所好矣。得其所好则宝之，惧其泄而密之，惧其坏而安置之。则是物也，得其所托矣。人得其所好，物得其所托，复何求哉！"妇曰："嘻！焉得不贫？！"

25．张岱创制"兰雪茶"

明末清初史学家、文学家张岱嗜茶，对茶研究颇深，他创制了一款叫"兰雪"的名茶，供不应求，被人哄抬茶价。他专门撰写了《兰雪茶》一文，介绍这款茶的创制经过。

张岱的居住地绍兴附近有座山叫日铸岭。这里曾是欧冶子为越王铸剑的地方，欧冶子曾在此日铸五剑，"日铸岭"由此得名。日铸岭产好茶，欧阳修说："两浙之茶，日铸第一。"王十朋也说："龙山瑞草，日铸雪芽。"宋朝时，日铸茶名声很大，曾一度作为贡茶。

到了明代，日铸茶渐渐被人遗忘了。京城的茶商来到绍兴都不正眼看一下日铸岭的雪芽茶。雪芽茶要想获利，须按京城茶的办法制作，不能有自己的特色。

当时，安徽的松萝茶很受欢迎。张岱的三叔熟知松萝茶的制作方法，他曾按松萝茶的制作方法加工瑞草茶，茶香浓烈扑鼻。张岱认为，瑞草茶虽然好，但产量极少，加工出好茶也难以满足民众需求。日铸茶产量大，值得一试。

张岱把安徽歙县制作松萝茶的师傅招募过来，扚法、掐法、挪法、撒法、扇法、炒法、焙法、藏法，完全按松萝茶的工艺、流程来制作日铸茶。制成后，用泉水冲泡，香气出不来，改用禊泉[14]水煮，装在小罐中，香气又过于浓郁。后来，在日铸茶中掺入茉莉花，反复配比，冲淡后放入敞口的瓷碗中，冷却后再用滚开的水猛冲。张岱经过两年研制，得到了令他满意的好茶。张岱如此形容这茶：茶汤色泽如同刚剥开的竹笋，呈极其均匀的淡绿色；又像面对着山的窗户纸，刚刚透出黎明曙色。把茶水倒入白瓷茶杯，犹如一枝枝立在水中的素兰与雪涛一同倾泻而下。以往日铸山的雪芽茶，色泽很好，但茶香没有得到充分显示，新法制作的茶，色香味俱佳，张岱将它命名为"兰雪"。

四五年后，兰雪茶得到市场认可，价格不断攀高。浙江很多消费者不再喝松萝茶，只喝兰雪茶。真的兰雪茶供不应求，假冒兰雪茶开始出现，徽州歙县的松萝茶也开始冒名兰雪茶了，经销松萝茶的茶商都把茶包换成兰雪茶了。

26．"酒德泛然亲，茶风必择友"

饮茶与喝酒大不相同。明人蔡元履说："酒德泛然亲，茶风必择友。"这话对喝酒与品茶的氛围与情调做了精辟的概括。喝酒无论亲疏，品茶必须讲求三观七情相合。古有鸿门宴、杯酒释兵权，今有酒桌上兄弟反目、朋友绝交。无论亲朋好友、故旧淡交、仇人宿敌，坐到酒桌上，都泛然而亲，一碰杯便称

14 | 禊，音 xì。禊泉，张岱在浙江绍兴附近发现的一处古泉，他为此写了《禊泉》一文，收录于张岱文集《陶庵梦忆》。

兄道弟、呼姐唤妹，似乎无有不亲密的！这正是"酒德泛然亲"啊！

古人饮茶，既讲情调，更求得人。得人，是跟意趣相投、价值观相近的人细细品茶；情调，追求场所的典雅、环境的温馨、氛围的和谐，不可喧闹、嘈杂。共饮者要少而精。

明朝张源在《茶录》中说："饮茶以客少为贵，客众则喧，喧则雅趣乏矣。独啜曰神，二客曰胜，三四曰趣，五六曰泛，七八曰施。"张源认为，品茶不可人多，人多喧闹，了无雅趣。五六人在一起饮茶，就显得多了，到了七八人，那就是施舍茶水，不是品茶了。

明代徐𤊺（bó）在《茗谭》中说："饮茶，需找清瘦、高雅的人为伴，这才跟茶性、茶理相契合；如果跟肥胖粗鲁、满身垢气的人一起饮茶，那会大损茶的香味，这样的人不可相交。"[15]

明代黄龙德《茶说》"八之侣"说："茶灶疏烟，松涛盈耳，独烹独啜，故自有一种乐趣，又不若与高人论道、词客聊诗、黄冠谈玄、缁衣讲禅、知己论心、散人说鬼为之愈也。对此佳宾，躬为茗事，七碗下咽而两腋清风顿起矣。较之独啜，更觉神怡。"他的意思是说：一个人听着松涛的声音，独自烹茶品饮，自有一种乐趣。但是，边品茶，边跟学问高深的人探讨天下大势、人生哲理，跟李杜苏轼那样的人讨论诗词，跟道士探

---

15 | 《茗谭》原文为："饮茶，须择清瘦韵士为侣，始与茶理相契，若膶（tú，肥胖）汉肥伧，满身垢气，大损香味，不可与作缘。"

究玄学，同高僧讨论佛学禅理，与知己促膝谈心，跟闲散自在的人述说鬼怪故事，比一人独自饮茶，更觉心旷神怡。亲自为这样的宾客烹茶，喝七碗都不多，只会觉得两腋习习生清风。

"酒德泛然亲，茶风必择友"，语出明人蔡元履。蔡元履何许人，很难查到。不过，明人袁中道有诗谈到蔡元履，诗名为《蔡元履廉访驻节辰、沅，率尔寄怀二首其一》。袁中道是明朝文学家、官员，生于1570年，卒于1623年。辰、沅是州县名，在今湘西一带。从这首诗看，蔡元履是袁中道同时代人，做过明朝的按察使，曾到辰、沅两地行使监察官吏的职责。

"酒德泛然亲，茶风必择友"因在徐𤊽《茗谭》中被引用而得以流传。《茗谭》是这样引的：温陵蔡元履《茶事咏》云："煎水不煎茶，水高发茶味。大都瓶杓间，要有山林气。"又云："酒德泛然亲，茶风必择友。所以汤社事，须经我辈手。"徐𤊽评论说，"真名言也"。

延伸阅读
古人论茶友

柴门反关无俗客，纱帽笼头自煎吃。
——（唐）卢仝《走笔谢孟谏议寄新茶》
煎茶乃韵事，须人品与茶相得。故其法往往传于高流隐逸，有烟霞泉石、磊块胸次者。
——（明）陆绍珩《醉古堂剑扫》
宾朋杂沓，止堪交错觥筹，乍会泛交，仅须常品酬酢。惟

素心同调，彼此畅适，清言雄辩，脱落形骸，始可呼童篝火，
酌水点汤。

——（明）许次纾《茶疏》

27．清泉白石茶

元末明初画家倪瓒（字泰宇，别字元镇）好饮茶，嗜茶如
命，以茶交友，还玩出新花样。他在惠山的家中，将核桃、松
子肉和真粉混合在一起，做成小石头、小石块的形状，放到茶
汤里面，并赋予它一个高雅的名字——清泉白石茶。

有个叫赵行恕的人，是宋朝的宗室，颇有身份，他仰慕倪
瓒清致之名，前来拜访。倪瓒热情接待，让童子供上他最得意
的清泉白石茶。赵行恕拿起茶杯，看也不看，"连啜如常"，就
像喝最普通的茶水那样。倪瓒很不高兴，说："我以为你是高
雅的王孙，拿这么精美的茶让你品尝，没想到你如此庸俗。"
倪瓒从此跟赵行恕绝交。

此事，明代的顾元庆《云林遗事》、尤镗《清贤纪》都有
记载。

28．"清苦到底"

明末思想家李贽一生著述颇多，他的《藏书》《续藏书》
《焚书》《续焚书》《史纲评要》等，对后世影响甚大。

李贽爱茶，终日与茶相伴。早吃茶，午吃茶，夜吃茶；待
客时吃茶，看书时吃茶。他读唐朝右补阙綦毋旻宣扬茶害论的

文章《代茶饮序》时非常生气。綦毋旻说："释滞消壅，一日之利暂佳；瘠气耗精，终身之苦斯大。获益则归功茶力，贻害则不谓茶灾。"李贽说："读而笑曰：'释滞消壅，清苦之益实多；瘠气耗精，情欲之害最大。获益则不谓茶力，自害则反谓茶殃。'吁！是恕己责人之论也。"李贽反驳得很有力：明明得益于茶，却要矢口否认；明明自己纵欲过度，伤及精血，却嫁祸于茶！

随后，他写下一段有名的铭文，后人称之为《茶夹铭》："我老无朋，朝夕唯汝。世间清苦，谁能及子？逐日子饭，不辨几钟，每夕余酌，不问几许。夙兴夜寐，我愿与子终始。子不姓汤，我不姓李，总之一味清苦到底。"

这段铭文，翻译成现代文为："我老了，没有称得上知音的老友，朝夕相处的就只有你啊！至于说到世间的清苦，谁能比得上你！每天把你当饭吃，不知道吃下了多少；每晚把你当酒喝，从不问喝去了多少。晨起夜睡，愿意整天与你在一起。其实啊，你并不姓汤，而我也不姓李；你我结缘于志同道合，这就是清苦到底！"

李贽去世后，后人遵照他生前"祭祀亦只是一饭一茶，少许豆豉"之嘱，每年祭祀，只备茶饭及豆豉，不祭三牲等物。

29．茶痴朱汝圭

清朝人冒襄在他所汇编的《岕茶汇钞》中为一位茶痴立了"小传"：朱汝圭，明末清初人，从小爱喝茶，他对茶的嗜好就像从娘胎里带来的一样。明朝时，人们很崇尚浙江湖州长兴的罗岕茶。罗岕茶[16]是产于罗岕的茶,"岕"表示两山之间的意思。朱汝圭从14岁开始,每年春夏两季都到罗岕采茶,从未间断,他坚持了60年,往返120次。为了采茶,他孤身入山,独卧山林,背负茶笼到市井,告诉大家茶有多香。他的一个儿子不像他那样嗜茶,他便不要这个儿子赡养。人们从早到晚都见朱汝圭洗涤茶器,不停地饮茶,他的指间、齿颊都散发茶香,见茶则喜形于色,对茶赞不绝口,终生与茶相伴。朱汝圭痴茶已到奇绝程度。

延伸阅读

周文甫终身不离茶

周文甫自少至老,茗碗薰炉,无时暂废。饮茶有定期:旦明、晏食、禺中,晡时、下舂、黄昏,凡六举。而客至烹点,不与焉。寿八十五无疾而卒。非宿植清福,乌能毕世安享?视好而不能饮者,所得不既多乎?尝畜一龚春壶[17],摩挲宝爱,不啻掌珠,用之既久,外类紫玉,内如碧云,真奇物也。后以殉葬。

——(明)闻龙《茶笺》

16 | 岕,音 jiè,当地人读 kǎ,浙江长兴方言,指两山之间的空地。罗岕,位于长兴与宜兴之间的罗山。罗岕茶,唐宋元明时的名茶,量少, 一般人不易得到。

17 | 龚春壶,一作供春壶。明嘉靖年间,江苏宜兴制砂壶名艺人供春所制作的壶。传说他姓龚,名春。

30．厉鹗以《宋诗纪事》换龙井茶

厉鹗是清代著名诗人、学者，很有个性。他"于书无所不窥，所得皆用之于诗"，不满 30 岁，便到京城参加会试，沿途参观游览，诗兴大发，并不把会试放在心上。吏部侍郎汤右曾对他非常赏识，会试刚结束，汤侍郎便殷勤办酒，收拾卧榻，派人送信给厉鹗，邀他到家里暂住。厉鹗接了信却不打招呼就离开京城，他在归途中还写诗慨叹："耻为主父谒，休上退之书。"表达他不想去巴结汤右曾侍郎的心情。他 34 岁时，浙江举荐了 18 名"博学鸿词"到京城参加考试，厉鹗本来无意参加，在朋友劝说下还是去了。但是，因为他误将"论"写在诗的前面，再次落榜。朋友为之叹息，他却淡然地说："吾本无宦情，今得遂幽慵之性，菽水以奉老亲，薄愿毕矣。"这意思是说：我本性不适合为官，这结果正符合我悠闲懒散的性情。回到家乡陪伴双亲过清贫生活，小小愿望就要实现了！

厉鹗著述颇丰，他写了大量山水诗，《樊榭山房集》是他的诗文集，被收入《四库全书》。他有感于《辽史》的简略，遍览 300 多种书籍，写出《辽史拾遗》24 卷；他看了大量宋人文集、博引诗话等书籍，撰写了《宋诗纪事》100 卷。厉鹗晚年贫病交加，仍坚持著书立说。

厉鹗嗜茶。杭州圣因寺大恒禅师送他龙井茶，他以一部《宋诗纪事》相赠，并且写了首诗，介绍这件以书换茶的雅事："新书新茗两堪耽，交易林间雅不贪。白甄封题来竹屋，缥囊珍重往花龛。香清我亦烹时看，句活师从味外参。舌本眼根俱悟彻，镜杯遗事底须谈。"诗的大意为：新书《宋诗纪事》和新茗（大恒禅师的龙井）都值得珍爱，这样的交换是高雅之举，双方均无贪婪之心。龙井茶装在白色的小口子瓮中送到了我这里，《宋诗纪事》则装在青白色的书袋里送到大恒禅师处。龙井茶的清香一烹就闻到了，《宋诗纪事》笔法生动，禅师一看就会明白。通过舌头（尝茶）和眼睛（看书）会得到很多启发，相比较之下，白居易的"镜换杯"之事就无须再谈了。

延伸阅读

镜换杯

（唐）白居易

欲将珠匣青铜镜，换取金尊白玉卮。

镜里老来无避处，樽前愁至有消时。

茶能散闷为功浅，萱纵忘忧得力迟。

不似杜康神用速，十分一盏便开眉。

31. 金圣叹茶馆对联

金圣叹是明末清初的文学家、文学批评家，他对《水浒传》《西厢记》《左传》以及杜甫诗歌的评点见解独到，异常精辟，对后世影响很大。

金圣叹喜欢喝茶，也常逛茶馆。一次在茶馆偶遇别人对对子，他对出了精彩的对联，成为佳话。

那是一个中秋时节的早晨，金圣叹正在茶馆吃茶，近旁茶桌四五人在谈论对对子，很是热闹。一中年人出一上联"猫伏墙头风吹毛，毛动猫不动"，求下联，好一会儿，没人对上来。沉默了好一会儿，一长须老者说："我有了！下联是：鹰立树梢月照影，影移鹰不移。"出上联的中年人忙说："您老真是高手，佩服佩服！"

长须老者微微笑了，他捻捻胡须，说："我出一联给你们对对。"说着，右手指了指盘中的月饼："上联只五字：上素月公饼。这上联可指的是食物，下联只准以食物相对。"众人抓耳挠腮，想不出下联，这"上素"谐音"尚书"，这不好对啊。

在旁边一桌独自喝茶的金圣叹，见好半天无人对得出，便脱口而出："这不难！我的下联是'中糖云片糕'。"这下联，"中糖"与官名"中堂"同音，云片糕同样也是食物，符合长须老者的要求，对得很是工整。那一桌人都点头称是。

长须老者看金圣叹一表人才，应对不凡，便邀他一起吃茶。金圣叹也不推辞，提着茶壶就坐了过来。长须老者拱拱手说："先生精于对句。我这里有半联，想请教先生，不知意下如何？"金圣叹也不客气，高兴地说："快请讲来，让我试试。"长须老者不慌不忙，说出了上联："大小子，上下街，走南到北买东西。"众人把目光转向金圣叹，想看笑话。金圣叹略一沉思，就对上了下联："少老头，坐躺椅，由冬至夏读《春秋》。"

金圣叹的对联博得满堂喝彩。长须老者问他姓甚名谁，得知他就是大名鼎鼎的金圣叹，大家赞叹不已。

32．汪士慎：清爱梅花苦爱茶

汪士慎，清代著名画家、书法家，"扬州八怪"之一，出生于茶乡安徽休宁，37岁时携家带口到扬州投奔老乡。在扬州，他在朋友的接济下，靠卖字画维持生计，直至48岁才在扬州买下房子。

汪士慎工画兰竹，尤善画梅。他痴梅嗜茶，外号"茶癖"。他爱茶、品茶、咏茶，与茶结缘，视茶为友，自谓"平生煮泉百千瓮""饭可终日无，茗难一刻废""知我平生清苦癖，清爱梅花苦爱茶"。他不嗜酒只嗜茶，品茶辨茶能力极强，能分辨出茶与茶之间的细微差别，闭上眼睛只凭手感能说出茶产自何地、采自何时。

搬入新居不久，汪士慎患了眼疾。54岁那年，他画完《梅花图》后，左眼失明。为什么会左眼失明？医生说是喝茶太多了，导致血气耗损严重，造成失明。朋友们都劝他少喝茶或戒茶，并且到处帮他找治眼病的药。汪士慎不以为然，毫不在意，甚至对朋友的劝告以冷笑面对。他对茶的迷恋、痴心，一点不改变，他认为，茶可以"飘然轻我身，涤我六腑尘，醒我北窗寐"，即使医生说喝茶导致他左眼失明的话是对的（他似乎并不认为这话对），他仍"偏盲尚无悔"，继续不停地喝茶、大量喝茶。

汪士慎的《巢林集》有20多首茶诗，写的都是他品尝过的茶，有黄山茶、泾县茶、龙井茶、武夷茶、松萝茶、顾渚茶、阳羡茶、雁山茶、普洱茶，等等。清洗茶具、烧火、烹茶，他都亲自操持，他认为这是一种享受："旋炊鲜火整茶器，小盏细瓯亲涤洗。"他对煮茶的水非常挑剔，只取三种水煮茶：一是山泉，他得意于自己"试茗煎山泉，关门避时俗"，扬州的平山泉是他煎茶的首选。二是雪水，他认为雪水是圣洁之物，他细心收集花枝上的雪水，储于瓮中备一年之用。三是花须水，清晨，他小心翼翼地收集花瓣上的露珠，让露珠顺着花须滴入瓶中，以便储藏。他有诗描述这一过程："诘晓入深坞，露气零衣襦。高擎白玉盏，滴滴垂茶须。"

汪士慎待客从来不备酒，只在篱畔树下置藤椅竹床、香茗一壶、瓷盅数盏，"客至煮茶烧落叶"，"清荫设茶宴"，大家高谈阔论，比喝酒更尽兴。一次，朋友提着一壶惠山泉水来汪士慎家喝茶，汪士慎大喜，忙拿出珍藏的"家园春"茶，生火煮水。品茶间，他赋诗一首，记下这件快意事："高斋净秋宇，隔院来幽人。携将惠泉水，共试家园春。泠泠若空盎，瑟瑟浮香尘。一盏复一盏，飘然轻我身。"这首诗写得非常悠然：静雅的书斋面向爽洁秋景，一位雅士从院外翩然而至。他携来难得的惠山泉，共同烹煮上好的"家园春"。壶中沸水发出悠扬动听的乐曲，茶香如浮尘般在空中飘来荡去。喝了一盏又一盏，身体飘飘然如仙欲飞。

"清爱梅花苦爱茶。""茶苦"而清，"梅清"则高，难怪好友金农送他"茶仙"的雅号。

33．郑板桥乞茶得妻

郑板桥，名郑燮，字克柔，板桥是他的号，他因号闻名，人称板桥先生。

郑板桥一生坎坷，他在康熙朝考取秀才，在雍正朝中举人，在乾隆元年（1736年）中进士。他26岁设私塾教书，30岁到扬州靠卖画为生，43岁中进士，49岁才当上小县令。60

岁辞官，回到扬州卖画度日。

郑板桥跟"扬州八怪"其他人一样，嗜茶，写有不少茶诗，如"最爱晚凉佳客至，一壶新茗泡松萝""小廊茶熟已无烟，折取寒花瘦可怜""从来名士能评水，自古高僧爱斗茶"。跟"扬州八怪"其他人不一样的是，郑板桥因茶联姻，一次春游时在山野里因乞讨茶水而结下良缘，最后抱得美人归。

郑板桥有一怪癖，看到名女子的墓，总要祭奠一番。雍正十三年（1735年）春季，郑板桥在扬州春游，顺便去祭奠伴隋炀帝南巡时死去的一个宫女。宫女的坟墓在扬州北郊大虹桥的玉勾斜。到了玉勾斜，郑板桥口渴得很，想喝茶。荒郊野外，哪里能弄茶来喝？说来也巧，他突然看到不远处有一间土墙茅舍。他急匆匆走过去，推开半掩着的柴门，大声喊道："请问有人吗？可否讨口茶喝？"一位老婆婆闻声从屋里走出来，客气地招呼郑板桥进屋里坐。这是一间简朴干净的小厅堂，郑板桥坐下，看见墙壁上贴着他的诗词，便好奇地问道："敢问这位大妈，你可认识郑板桥？"老婆子回答说："久闻板桥先生大名，却无缘会面。"郑板桥说："在下便是板桥。"老婆婆万分惊喜，上下打量着他，连忙向里屋喊："小五子，小五子，快出来！快出来！你仰慕的板桥先生到家来了！"

过了一会儿，屋子里走出一位翩翩少女，大大方方地向板桥行礼问候。板桥先生还了礼。那女子说道："妾在闺中，久仰先生才名，也读过先生一些诗词，仰慕异常，故抄写出来贴在厅堂里。"她顿了顿，接着说："听说先生最近作有《道情》十首，能写一首赐予妾吗？"郑板桥欣然应允。

女子很快捧出文房四宝，用纤纤玉手为板桥磨墨。板桥提笔挥毫，一口气把十首《道情》都写了出来。郑板桥写完，意犹未尽，略作思考，又填了一首《西湖》词，书写出来，赠予那女子。小女子接过来，捧着读了好几遍，忙不迭地催她娘做饭，说要敬板桥先生几杯水酒，表达谢意。板桥也不推辞。

吃饭时，郑板桥得知这家人姓饶，有五女一儿，四个女儿都已出嫁，只五姑娘留在身边。五姑娘用心读书，粗通文墨，那年正好 17 岁。她对板桥的诗词字画都极为喜爱，对板桥的人品也很敬仰。老婆婆得知郑板桥已丧偶多年，便主动提出："如蒙先生不弃，何不将小女纳为箕帚之妾，以遂小女爱慕先生的心愿？"板桥虽然喜欢这五姑娘，但他想到自己四十有二，功未成名未就，清苦度日，便连忙推辞："不可，不可！大娘美意我心领了，我一介寒士，哪敢纳此丽人。"那婆婆却说："并不要先生多少财礼，只要能养活老身就行了。"听到如此美言，看看身边丽人，板桥也动了心。他最后说："明年大考，如能考中进士，我后年一定来娶五姑娘。能等我两年吗？"母女俩都做了肯定的回答。

跟饶家五姑娘定情之后，郑板桥发奋苦读，终于在乾隆元年考取了二甲进士第 88 名。第二年，郑板桥谨守诺言，回扬州娶饶氏为妻。郑板桥到范县、潍县任县令，在两县力革弊政、体恤民情，她是贤内助；郑板桥辞官，她又陪伴板桥回扬州卖画，直至板桥 73 岁病逝，这段因茶结下的美好姻缘才画上休止符。

庙堂茶情

庙堂茶情

庙堂茶情

国不可一日无君，君不可一日无茶。

～～乾隆与大臣联句

1．以茶代酒

东吴的末代皇帝孙皓，23 岁被拥立为帝（264 年），他开仓赈民、大赦天下，颇有好名声，但好景不长，治国刚有点成绩，他就骄横起来，开始贪好酒色、暴虐治国了。

据《三国志·吴书·韦曜传》记载："皓每飨宴，无不竟日，座席无能否，率以七升为限，虽不悉入口，皆浇灌取尽。曜素饮酒不过二升。初见礼异时，常为裁减，或密赐茶荈 ¹ 以代酒。"这段话说，孙皓每次摆酒设宴，都喝一整天。入席的群臣，不管能不能喝酒，每人 7 升酒，喝不了灌也要灌下去，7升酒要见底。群臣中有一人叫韦曜，酒量只有 2 升。起初，孙皓对韦曜格外照顾，常为他减量，或让人悄悄给他换上茶，让他以茶代酒。这是有记载的最早的"以茶代酒"。

中国古代的计量单位"升"与现在不大一样，各个朝代

---

1 | 荈，音 chuǎn，茶之古体字。

"升"的容量也不尽相同。三国两晋时期 1 升相当于现在的204.5 毫升，7 升是 1431.5 毫升，接近 3 斤。那时没有高度酒，但 3 斤也不算少了啊！

曜，即韦曜，是孙皓父亲的老师，著名的历史学家，东吴四朝重臣。孙皓对这位长者格外开恩。但是，韦曜非常耿直磊落，常常得罪孙皓。拿喝酒这事来说，韦曜就认为"外相毁伤，内长尤恨，使不济济，非佳事也"。韦曜的意思是：喝酒这件事使群臣外伤身体，内心产生怨恨，于事无补，不是好事情。孙皓不听韦曜劝阻，最后把韦曜打入大牢。韦曜在牢里还给孙皓提意见，劝告他。孙皓最终将韦曜处死。

韦曜死后 7 年，东吴为西晋所灭，孙皓做了俘虏，被遣送至洛阳，4 年后死在洛阳，时年 42 岁。

2．茶供

陆羽《茶经》说：南北朝时期齐朝的齐武帝死前颁发诏书说："我的灵座上，不要用牛羊猪等牲口做祭品，只摆些饼果、茶饮、干饭、酒和果脯就行了。"

齐武帝叫萧赜，字宣远，南朝齐的第二个皇帝，父亲萧道成是齐朝的开国皇帝。萧赜在位 11 年，十分关心老百姓的疾苦，提倡节俭，在位期间经济上出现了一定的繁荣景象，算得上是一位有所作为的皇帝。493 年，54 岁的萧赜病逝。《南齐书·武帝纪》记载，萧赜濒死时，立了三份遗诏，其中一份交代后事安排，讲到陪葬品、陵园、祭品等。关于祭祀品，遗诏说，祭祀，重在有孝敬之心，不在于祭品，对他的祭祀要从简。还说：天下人死后，无论贵贱，都按此办理，一切从简。[2]
一般认为，这是最早的关于茶供的记载。不过，也有文章认为
《尚书·顾命》记载的周成王临终遗嘱说的"王三宿、三祭、
三诧"，"诧"即"茶"。[3] 周成王遗嘱的意思是说：康王承继王
位后祭奠先王，前进三次，要三祭三茶。

《吴兴掌故集》说：明太祖朱元璋喜欢喝浙江长兴的顾渚
茶，规定每年进贡顾渚茶 32 斤，要求在清明前两天送到，县
官要亲自监督采摘制作。新茶送到京城，要呈至奉先殿焚香供
奉，不需要别的祭品。

延伸阅读

上等茶供佛

觉林寺的僧侣每年采收三种等级的茶，待客用"惊雷荚"，
自己喝"萱草带"，供佛以紫茸香。最上等的供佛，最差的自
己喝。

——（宋）《蛮瓯志》

3. 陆纳以茶待贵客，侄儿盛宴被杖责

贵客远道而来，不备酒席，仅以茶相待，这是东晋时期吴

2 |《南齐书·武帝纪》："祭敬之典，本在因心。我灵上
慎勿以牲为祭，唯设饼、茶饮、干饭、酒脯而已。天下
贵贱，咸同此制。"

3 | 张耀武、龚永新：《中国茶祭的文化考察》，《农业考
古》，2010年第4期，第99页。

兴太守陆纳爱做的事。据《晋书·陆纳传》记载，一次，吏部尚书谢安去拜访陆纳。这谢安是谁？他是后来淝水之战东晋一方的总指挥，而淝水之战是我国历史上著名的以少胜多的战例，谢安以8万兵力打败了号称80万之众的前秦军队，为东晋赢得了数十年的和平。这位吏部尚书来家里做客，"少有清操"的吴兴太守陆纳，跟招待其他客人一样，只以茶果接待。

陆纳有个侄儿，叫陆俶（chù），他向来对叔父仅以茶待客不满，听说谢安要来访，他觉得不应该再以茶果接待，但又不敢对叔父说，便悄悄准备酒席。谢安到陆家时，陆纳与谢安正在饮茶品果，陆俶献上异常丰盛的菜肴酒品。席间，陆纳不好说什么，客人离开后，陆纳大怒，令人杖责侄儿40大板。他说："你不能为叔父增光也就罢了，为什么要玷污我一向持谨朴素的节操呢？"

《晋中兴书》有相同的记载。

4．茶为什么又称"酪奴"？

"酪奴"一词被用来指茶，有一个典故，它与北魏高祖皇帝和一个叫王肃的官员有关。

两晋南北朝时期，南部齐朝一个叫王肃的官员投奔北魏。刚来时，吃不惯北方的羊肉、酪浆，常常用鲫鱼汤送饭，渴了就喝茶（当时叫茗饮、茗汁）。一喝就喝一斗，北魏首都洛阳的人都把王肃叫"漏卮⁴"。几年后，北魏高祖皇帝设宴，看到

4 | 卮，音 zhī，古代盛酒的器皿。

王肃在宴席上吃羊肉、喝酪浆甚多，便问："你觉得羊肉与鲫鱼汤比怎样？茗饮跟酪浆比如何？"王肃回答道："羊是陆地上的美味，鱼是水里的佳肴，都是美味，喜好不同罢了。羊，就像齐鲁大国，鱼犹如邾莒[5]小国，只是茗汁不能跟酪作奴仆。"高祖大笑。当时在场的王勰对王肃说："你不重视齐鲁大国，而喜爱邾莒小邦，这又是为什么？"王肃答："那是我的家乡，不得不爱呀！"同样在场的王复说："你明天到我家，我为你准备邾莒之食，亦有酪奴。"如此这般，茗汁就有了"酪奴"的别名。

这个故事在北魏杨炫之撰写的《洛阳伽蓝记》中记载着。后人用"酪奴"代指茶，其实是把王肃话的原意弄反了。王肃原话是："羊比齐鲁大邦，鱼比邾莒小国，惟茗不中与酪作奴。"这话的意思是：只有茗（茶）不可（或不能）做酪的奴仆。不能做酪的奴仆，那就应该是分不出高下，可平等视之。

延伸阅读

"酪奴"入诗词

以酪为奴名价重，将云比脚味甘回。

——（宋）梅尧臣《谢人惠茶》

风流玉友争妍。酪奴可与忘年。空诵少陵佳句，饮中谁与俱仙。

——（宋）向子諲《清平乐·芗林春色》

5｜邾、莒，古国名。邾，音 zhū，先秦周代小国，在今山东邹县。莒，音 jǔ，周代诸侯国，在今山东莒县一带。

朝贤处处骂水厄，伧父时时呼酪奴。

——（明）王世贞《醉茶轩歌为詹翰林东图作》

5. 隋文帝喝茶治头痛

隋文帝杨坚是隋朝的开国皇帝，他结束了西晋以来延续近300年的分裂局面，统一了华夏大地。《隋书》中记录了一件怪诞的事：杨坚在做皇帝之前的某天夜里做了个怪梦，梦见有位神奇的人把他的头骨给换了，醒来后便患了头痛的毛病。后来，遇见一位僧人，僧人告诉他说："山中有茗草，煮后喝了头痛就会好。"茗，即茶。杨坚喝了茶汤，头痛果然好了。后来，杨坚做了皇帝，非常喜好饮茶，各级官员竞相进贡，进献上好的茶就能加官晋爵。进士权纾讽刺这种现象说："穷春秋，演河图，不如载茗一车。"意思是说，苦心钻研《春秋》、殚精竭虑研究演绎谶书《河图》，想获得重用，还不如弄来一车茶！

6. 东亭茶宴

东亭[6]茶宴，是唐朝宫人在宫廷中亭子里举行的茶宴，史书及笔记都无此茶宴的记载，但有一首唐诗具体描述了这一茶宴，诗名为"东亭茶宴"，全诗为："闲朝向晓出帘栊，茗宴东

---

6 | 东亭，唐朝长安城大明宫麟德殿建筑群中有对称的东亭、西亭，此指其中的东亭。

亭四望通。远眺城池山色里，俯聆弦管水声中。幽篁引沼新抽翠，芳槿低檐欲吐红。坐久此中无限兴，更怜团扇起清风。"作者叫鲍君徽，曾应召入宫，后以奉养老母为由，上疏请求皇上让她回老家。《全唐诗》共收入她四首诗，这是其中之一。

《东亭茶宴》对宫人自娱性茶宴做了生动的描述：宫人们在亭子里举行茶宴，亭子四面通透，远眺能见城市、山脉，俯身可听到船上的弦管之声；竹林中新竹的颜色特别翠绿，低矮的木槿正绽开红花；大家摇着团扇，在亭子里品茶，坐了很久仍兴趣甚浓。

显然，这是夏季的东亭茶宴。其诗给我们留下了唐宫茶事的珍贵史料。作者的另一首《惜花吟》诗中"莺歌蝶舞韶光长，红炉煮茗松花香"，也是少有的对宫廷茶事的描写。

7. 茶瓶厅

唐朝韩琬撰写的《御史台记》记载了这么一件有趣的事：唐朝时御史台有三院——台院、殿院、察院。主掌台院的叫侍御史，主掌殿院的叫中侍御史，主掌察院的叫监察御史。院下都有厅，察院有吏察厅、礼察厅、兵察厅、刑察厅等。礼察厅南面有几棵古松，习惯叫松厅。兵察厅主掌院中的茶事，从四川采购最好的茶，将其贮藏于陶罐中，以防暑潮。每次开启茶罐，都要监察御史亲自启封，因此叫"茶瓶厅"。刑察厅被叫作魇（yǎn）厅，因为在这里睡觉，多做噩梦。

8. 积公大师：非陆羽煎茶不喝

　　唐代宗李豫（762—779 年在位）既崇佛又嗜茶，他听说复州竟陵（今湖北天门县）龙盖寺的大师积公爱好喝茶，但只喝他收养的陆羽所煎的茶。陆羽离开龙盖寺多年，一直没回来，积公大师再也不喝茶了。唐代宗把积公召进皇宫，让宫里善于煎茶的人给积公供茶。积公喝了一口就不喝了。唐代宗怀疑其中有诈，便派人悄悄出宫找到陆羽，把他召进宫来。第二天，唐代宗赐给积公斋饭，同时密令陆羽煎茶，让宫人端去给积公喝。积公捧起茶碗，细细观看，一边欣赏一边品尝，然后一饮而尽："这茶像陆羽那孩子煎的了！"代宗皇帝感叹积公知茶辨茶的能力，让陆羽出来与积公相见。

　　这个故事录于《纪异录》。

9. 乳妖

　　"乳妖"一词出自《荆南列传》。唐朝灭亡后，赵匡胤统一华夏建立大宋国之前，中国有 70 余年分裂混乱时期，史称"五代十国"——五个朝代、十余个割据政权。"荆南"又称"南平""北楚"，是割据政权之一，管辖地在今湖北荆门、秭归、宜昌一带。

　　《荆南列传》记载，吴越地方有个叫文了的僧人，很会烹茶，"擅绝一时"。有一次，他到荆南游览，当时荆南的统治者高季兴[7]听说后，让他住到紫云禅院，并且连日试他的茶艺。喝了文了烹的茶，武信王高季兴大为赞赏，称他为"汤神"，授予他"华亭水大师"称号。当时的人把文了视为"乳妖"。

为什么叫"乳妖"呢？异常则为妖。"妖"指某种技能异于常人且能让人迷惑的人。唐宋时，烹煎的茶是碾得细细的茶末，烹煮得好的茶，茶沫浮在茶汤表面，雪白一层，称为"乳面"。唐朝人卢仝诗"碧云引风吹不断，白花浮光凝碗面"、唐朝僧人皎然诗"素瓷雪色缥沫香，何似诸仙琼蕊浆"、宋朝诗人陆游诗"晴窗细乳戏分茶"，描写的正在这样的乳面茶汤。

延伸阅读

乳面茶汤

骤雨松声入鼎来，白云满碗花徘徊。

——（唐）刘禹锡《西山兰若试茶歌》

嫩汤茶乳白，软火地炉红。

——（宋）陆游《寓叹》

瑞雪浮江喧玉浪，白云迷洞响松风。

——（元）谢宗可《煮茶声》

7｜高季兴（858—929年），原名高季昌，字贻孙，五代十国时期荆南开国君主，死后被追封为楚王，谥号武信，后人称其为武信王。

10. 皇帝自撰茶书，自烹茶赐群臣

赵佶（宋徽宗），是宋朝的第八任皇帝，他坐上金銮殿第
25 个年头时，金兵攻破宋朝都城汴京，赵家皇帝成了俘虏。
这个最终客死异国他乡的宋朝皇帝，虽然治国无方，但才艺极
高，他在音乐、书法、绘画、诗词等方面都有颇高造诣，自称
"善百艺"。他还是不爱江山爱图书的人，他被金军俘后听说
皇宫财宝被劫掠一空，毫不在乎，但听说皇家藏书也被抢走，
仰天长叹。他嗜茶，精通茶艺，对茶学很有研究，亲自撰写
了 2800 多字的《茶论》，因作于大观年间，后人称之为《大观
茶论》。

《大观茶论》分序论、地产、天时、摘采、蒸压、水、点、
香、色、藏焙等 20 个条目，宏观论茶、微观探讨茶艺茶技，
还以建州（今福建建瓯）的北苑、壑源茶为例，论述茶的产地、
采制、品饮等，对茶的制作、茶具的使用讲得十分在行。北方
不产茶，赵佶也没到过南方，更没到过建州等茶区，有学者认
为《大观茶论》是根据茶官的介绍、参考相关资料写成的，甚
至是御用文人或宠臣代写。这有一定道理，不过，该书的价值
是不容否定的，为历代茶学专家所重视，众多茶书汇编都收录
了它。

赵佶精于茶艺，则是千真万确的。蔡京在《太清楼侍
宴记》中记载：徽宗皇帝"遂御西阁，亲手调茶，分赐左
右"——皇帝步入西阁，亲手调制茶汤，分别赐给身边的臣
子们喝。蔡京的《延福宫曲宴记》有这样的记载：宣和二年
（1120 年）十二月某日，宋徽宗在延福宫宴请宰执（宰相和执

政官）、亲王、学士。宋徽宗命令近身侍者拿来茶具，他亲手
"注汤击拂"[8]。一会儿，茶碗浮上了一层白色的乳沫，犹如疏星
淡月一般。他对臣子们说："这是我自己烹煮的茶。"群臣喝完
茶，顿首谢恩。

赵佶在《大观茶论》中对点茶技巧有很详细的介绍。

11．龙团胜雪

宋徽宗时，宫廷斗茶之风盛行。各地贡茶制作越来越精
致，也愈加"新奇"。宋宣和二年（1120 年），漕臣[9]郑可简用
银丝冰芽做成贡茶。因这种团茶色白如雪，故取名"龙团胜
雪"。《北苑别录》载茶叶分为紫芽、中芽、小芽三个等级。紫
芽，即茶叶是紫色的，制作北苑御茶时，紫芽是舍弃不用的；
中芽，即一叶一芽；小芽，是刚长出的茶芽，形状如雀舌，似
鹰爪。小芽中最精的状若针毫的才被称作"水芽"，又称"冰
芽"。熊蕃在《宣和北苑贡茶录》中说："至于水芽，则旷古未
之闻也。"郑可简用这"旷古未闻"的"银丝水芽"精制成一
款新茶——龙团胜雪。

龙团胜雪的制作方法：在已拣选出的小芽中剔除熟芽，只

8 | "注汤击拂"是点茶中技术性很强的一个环节，这里
用"注汤击拂"代表整个点茶过程。注汤、击拂的操作
技巧参见本书第19页："茶史钩沉·点茶"。

9 | 漕，音 cáo，指利用水道转运粮食。漕臣：管理漕运
的官员。

取芽心一缕，用珍贵的器皿装满清泉水浸渍它，使其光明莹洁，像银线一样。用这些银线般的芽心制作成一寸大小的茶饼，银线般的芽心像小龙蜿蜒在茶饼上，所以叫龙团胜雪。当时的人说："茶之妙，至胜雪极矣，每斤计工值四万，造价惊人，专供皇帝享用。"郑可简因此受到宠幸，升了官。

12. "父贵因茶白，儿荣为草朱"

郑可简因创制精妙至极的银丝冰芽贡茶——龙团胜雪而备受宠幸，官至右文殿修撰、福建路转运使，专营北苑茶事。

郑可简有个侄子叫郑千里，他受郑可简之命，到处爬山穿谷，搜寻名茶。终于，他在建州北苑茶区发现一种叫"朱草"的名茶，品质极高。郑千里把"朱草"交给郑可简，郑可简却把"朱草"交给他的儿子郑待问，让儿子献给皇上。

郑待问因献茶有功，得到了一顶乌纱帽。

当时有人写出一联非常工整的对子讥讽郑家父子："父贵因茶白，儿荣为草朱。"

郑待问获得功名，荣归故里，在家中大宴宾客。亲朋故交，推杯换盏，满席皆欢。郑待问酒酣耳热，春风满面、扬扬自得地说："一门侥幸。"

这时，发现"朱草"的郑千里大声闷出一句："千里埋冤。"声音中含有愤恨与不平。

众人面面相觑，突然有一人出来圆场："这句话对得真是工稳，妙啊！"

13. 朱元璋"废团改散"

"唐煎宋点明冲泡",冲泡茶的推广普及,源于明朝开国皇帝朱元璋。洪武二十四年(1391年)九月十六日,朱元璋下了一道诏书,废止唐宋以来主流的茶叶加工制作蒸青法,广泛使用以往非主流的茶叶加工制作法——炒青法和烘青法,不许宫廷进团茶(饼茶),要求用散茶(叶茶)代替团茶。这一改,省去了制作团茶和烹煮茶的繁复程序。

散茶虽然在唐朝就有了,但唐朝时兴把茶做成茶饼,然后碾磨碎了煮来喝。茶叶采摘后,需要蒸青、压模,制成茶饼;喝茶,要先烤炙茶饼,碾磨成粉末,然后再煮成茶汤。程序多多,异常复杂。宋朝继承并发扬了唐朝的饮茶方式,时兴点茶。点茶比烹煮茶更复杂,非常讲究技巧,先把茶末调成膏状,在注入开水的过程中用茶筅把茶汤打出泡沫。点茶属技术控,颇有仪式感,但要喝上一口茶太费时日了。

朱元璋"废团改散",就是化繁为简,把团茶改为散茶,把蒸青改为炒青,省却了一道又一道繁复的工序。"废团改散"后,茶壶开始出现,紫砂壶更是应运而生。饮茶程序大为简化了,把开水冲进茶壶里,茶叶在茶壶中苏醒过来,我们可以看到茶叶的原始形状、品尝到茶的原汁原味。"唐煎宋点明冲泡"反映的正是我国古代不同的饮茶方式,现在流行的冲泡茶就是从明朝开始的。

14. 朱元璋赐死贩卖私茶的驸马

朱元璋结束元朝统治，建立明王朝。元朝虽灭，残余势力仍在漠北草原活动，随时可能南侵。元朝马上得天下，明朝要抗击元朝残余势力南侵，马匹必不可少。为获得大批良马，明王朝建国伊始就继承了宋朝的茶马互市，用茶跟西南少数民族换马。

为垄断茶叶经营，明王朝实行了以下几项政策：1. 全国茶叶按 1/30 交税，陕西、四川两个茶马贸易集中地区按 1/10 交税，其中陕西汉中府茶园全部由政府收购，其他地区由商人收购。2. 茶农留足一年自用茶叶，其余必须售卖，不允许私藏。3. 商人经营茶叶必须获得"执照"——当时叫"茶引""由贴"，"茶引""由贴"需花钱买。每份"茶引""由贴"都有售茶限额。4. 严禁贩卖私茶。无"茶引""由贴"贩茶，或者"茶引"限额与实际贩运的茶叶数量不相符，都属私茶。初犯，鞭笞30 杖，没收所得款项；再犯，鞭笞 50 杖；三犯，鞭笞 80 杖，加倍罚款。伪造"茶引"，处死，没收全部家产。贩私茶出境，一律处斩，边隘官员未能查处，处以极刑。

政策如此严苛，垄断了茶叶，在茶马互市中处于有利地位：高抬茶价而压低马价。茶贵马贱的巨大差价，又让一些人为了暴利铤而走险。

驸马都尉欧阳伦就是这样的人。欧阳伦是朱元璋与马皇后所生女儿安庆公主的夫婿，地位极其显贵。欧阳伦不顾其岳父朱元璋的禁令，多次派他的家奴从陕西贩运私茶出境，获取暴利。地方官员敢怒不敢言。家奴们打着欧阳伦的旗号，要求府州县安排车辆为其运送私茶。一个叫周保的家奴，骄横异常，不管是封疆大臣还是边隅小吏，不提供方便就暴打一顿。兰县（今甘肃兰州）河桥巡检司一小吏因侍候不周，被欧阳伦的家奴们狠狠地揍了一番，他气不过，向朝廷举报了欧阳伦。朱元璋知道后，怒不可遏，尽管他爱女儿安庆公主，还是赐死了欧阳伦。陕西布政司官员明知欧阳伦走私茶叶而不举报，一并赐死。周保等几个贩私家奴，也一律处死。

这就是历史上著名的驸马爷走私茶叶被处死案。

15．乾隆三清茶宴和三清茶诗

清朝的乾隆皇帝喜欢喝茶，而且能喝出花样来。三清茶便是他玩的新花样。三清茶以清高幽香的梅花、清醇莹润的松子、清雅芳香的佛手为名，三样清品，合称"三清"。三清茶并不只有这"三清"，它以龙井贡茶为主，配以梅花、松子、佛手这"三清"。梅花寓一种精神，象征五福；松柏四季常青，凌寒不凋，寓意长寿；佛手谐意福寿。这三者都是古代文化中的吉祥物，同时又可入药，有滋补壮体的作用。

乾隆喜欢喝三清茶，而且在宫廷大摆三清茶宴。

三清茶宴在每年的正月初三至十六择日在重华宫举行。乾隆在位60年，一共举办了43场三清茶宴。三清茶宴不设酒，只提供特制的三清茶，佐以饽饽等点心。三清茶宴既隆重又具有高规格，皇帝亲自出席，赴宴者皆是重量级文臣学士，初时只请18人，取唐太宗18学士登瀛洲之意，后增至28人，合天上二十八星宿。在正月的闲暇时间举办这种高规格的茶宴，看似不涉政务，只品茶赋诗，实际上被当时的官场视为决定廷臣命运的风向标。

不管怎么说，这是宫廷的一件极高雅的事。文臣学士与皇帝边品茶边吟诗，你一联我一句，茶宴联句的内容，大到政治典章，小到梅花香月，无所不及，极力渲染一个"清"字。

后来把这些联句整理成《三清茶联句》，乾隆为之写序。他在序中说，共饮三清茶，不需颂扬溢美、歌功颂德，目的在借茶与诗讲出心里话，加深君臣的情谊。他特别强调"共曰臣心似水"，似水就应当清澈明净。他要借三清茶宴联络君臣感情，勉励臣子们做清官。

乾隆十一年（1746 年），乾隆秋巡五台山，回程在定兴遇雪，在帐中饮三清茶时赋诗一首，名《三清茶》。他在御制《三清茶》诗题后自注："以雪水沃梅花、松实、佛手，啜之，名曰三清。"他让人将《三清茶》诗句烧制到茶碗上，成为三清茶宴专用茶具。他在位时，釉有《三清茶》诗句的茶碗共烧造过三次。

延伸阅读

三清茶

（清）乾隆

梅花色不妖，佛手香且洁。

松实味芬腴，三品殊清绝。

烹以折脚铛，沃之承筐雪。

火候辨鱼蟹，鼎烟迭生灭。

越瓯泼仙乳，毡庐适禅悦。

五蕴净大半，可悟不可说。

馥馥兜罗递，活活云浆澈。

偓佺遗可餐，林逋赏时别。

懒举赵州案，颇笑玉川谲。

寒宵听行漏，古月看悬玦。

软饱趁几余，敲吟兴无竭。

16. 宫廷茶宴

据说，宋代开始有宫廷大型茶宴，由皇帝赐茶。到清代，宫廷茶宴成为宫廷生活中一项十分重要的仪式，主要内容是品茶、赋诗。清代的宫廷茶宴始于康熙朝，盛极于乾隆朝。

乾隆时期的宫廷茶宴相对固定，时间在大年初三到十六的某日举行，地点最初不固定，后来定在重华宫。重华宫是乾隆做皇子时的居所，乾隆当上皇帝后改名重华宫。重华之名出自《尚书·舜典》，意在颂扬乾隆如"此舜能继尧，重其文德之光华"。

《养吉斋丛录》具体记载了乾隆时期的宫廷茶宴。出席茶宴的，以词臣居多，人数不固定。众臣分列左右，"宴用果盒杯茗"，饮茶作诗。可写古诗，也可作今诗；可有小序，也可无序。起初无主题，后来以时事命题，定为72韵，28人分为8排，每人4句。诗成后送给皇帝阅览，皇帝高兴了，会赏一些珍贵物品。赏赐的东西都是小件，得到赏赐的臣子，叩头跪谢之后，高高兴兴地捧着赏赐物出来，将其悬挂在衣襟上，表示得到了皇帝的恩宠。其他的臣子，则站立在外面和诗，不入茶宴。

乾隆在位期间，除了因皇太后逝世，几乎每年都在重华宫举办盛大的茶宴活动，君臣所作的诗句全部收录于《御制诗集》。

17. 千叟宴茶礼

清朝的康熙、乾隆两个皇帝举行过多次千人以上的宴席，最多达 3000 人。康熙五十二年（1713 年），适逢康熙皇帝六十大寿，各地官员为讨好康熙皇帝，鼓励老人进京贺寿。康熙觉得不能让这些老人白跑一趟，决定在畅春园举办"千叟宴"，招待这些老人，康熙曾即席赋《千叟宴》诗。康熙六十一年（1722 年），康熙又召 65 岁以上的在职和退休文武人员 1000 余人及皇子皇孙在乾清宫宴饮。乾隆时期的千叟宴规模更大，乾隆五十一年（1786 年）和嘉庆一年（1796 年）两次千叟宴都超过 3000 人。乾隆六十年（1795 年），84 岁的乾隆宣布第二年退位，由嘉庆帝继位，他当太上皇。这年年中开始筹备千叟宴，他几次颁旨指示如何筛选赴宴老人，云南、蒙古等地的老人提前几个月就开始赶往京城。这次千叟宴于嘉庆一年（1796年）正月举行，参加宴会的老人超过 5000 人，相当一部分是没有任何官衔的平民老人。

千叟宴的序章是非常正式的茶礼。首先，由御茶房主管——尚茶正给乾隆皇帝上茶，皇上接茶，众宾客跪行一叩礼。茶毕，侍卫进来，音乐响起，侍卫将皇帝的赐茶端到前排的王公大臣面前，王公大臣接茶，行一叩礼。礼毕，王公大臣将茶一饮而尽，音乐停止。当音乐再次响起，侍卫将果盘、茶饮送到各位宾客桌上。茶间，皇帝赋诗，并命赴宴者各自作诗以纪念此盛宴。品茶赋诗后才是宴席。席上的赋诗最后汇编成《千叟宴诗》。

18. 十八棵御茶树

十八棵御茶树，位于杭州西湖畔的狮峰山下。相传清朝乾隆皇帝巡视杭州品尝龙井茶后，在狮峰山下观看了龙井茶的采摘、炒青过程，亲自在胡公庙前的茶树上采摘龙井茶。正在此时，太监来报太后病重，请乾隆皇帝即刻回宫。乾隆皇帝听到来报，将采摘的茶叶放到袖带里急急回宫。乾隆见了太后，将袖中的龙井茶献给太后饮用。太后本无大病，吃了太医的药，见到皇帝回宫，已经痊愈，加上喝了乾隆带回的龙井茶，更觉神清气爽，对乾隆带回的龙井茶赞不绝口。乾隆见此，忙传旨下去，封胡公庙前的茶树为御茶树，并派专人管护，年年岁岁采制送京，专供太后享用。胡公庙前只有十八棵茶树，因此称为十八棵御茶。

十八棵御茶树前立有一块形如翻开书页的石碑，上刻有两面碑文。一面为：

"十八棵"御茶题记

清高宗乾隆（1711—1799）六下江南，曾"往复披寻不肯休"巡幸龙井茶区，诗赞"西湖龙井旧擅名，适来试一观其道"。乾隆二十七年（1762）朔日登狮子峰，临胡公庙前十八棵茶，叹曰"上苍之赐"，信手采摘十八棵茶，啜其茗而后留《坐龙井上烹茶偶成》。

老龙井小茶园
乙未年辰月立

另一面为：

坐龙井上烹茶偶成

龙井新茶龙井泉，

一家风味称烹煎。

寸芽生自烂石上，

时节焙成谷雨前。

何必凤团夸御茗，

聊因雀舌润心莲。

呼之欲出辩才在，

笑我依然文字禅。

诗之后是一段英文，介绍十八棵御茶的来历。

乙未年是 1955 年、2015 年，辰月是 3 月。看来这碑很可能是 2015 年 3 月所立。

2020 年 12 月，笔者曾到十八棵御茶园参观，茶树并不大，不像 160 年前的茶树。一打听，茶农说这是后来种植的。前文的 "'十八棵' 御茶题记" 说十八棵御茶在胡公庙前，实际看到的并非如此。那里的地势呈坡地，胡公庙位置较低，御茶园位置较高，且相距 100 多米。到底是胡公庙迁址了还是御茶园迁址了？当地人应该知道，只不过没写明罢了。

宜茶水语

宜茶水语

宜茶水语

名茶难得，名泉尤不易寻。有茶而不瀹以名泉，犹无茶也。

——徐㶿

精茗蕴香，借水而发，无水不可与论茶也。

——许次纾

汤者，茶之司命[1]。

——苏廙

1．陆羽辨水

　　饮茶离不开水，被称为茶神、茶圣的陆羽，不仅创制了饮茶器具、改进了烹茶饮茶方式，还辨识了许多地方的宜茶之水，作了经典论述："其水，用山水上，江水次，井水下。"意思是说：煎茶最好的是山泉水，其次是江河水，再次才是井水。当然，陆羽那个时代的江河水是没有被污染的。

　　比陆羽晚二三十年、同样嗜茶的张又新，写了《煎茶水记》一文。文中转述了唐朝刑部侍郎刘伯刍列举的七处煎茶好水，同时转述了《煮茶录》记载的陆羽辨水的神奇故事：

1 | 司命，掌握命运之神。

有一个叫李季卿的人在湖州任刺史。他是唐朝宗室、唐玄宗朝的宰相李适之的儿子。李季卿在湖州任刺史时遇到茶神陆羽，他早闻陆羽有善烹茶的大名，两人一见如故。一次将要吃饭时，李季卿说：陆老弟善于煎茶，天下闻名，而最宜煎茶的杨（扬）子江南泠水[2]又在附近，怎能让这"二美"空相遇一场呢？说完就让军士去取南泠水。

茶具等准备齐当，水运到了。陆羽用木勺扬了扬水，说："江水倒是江水，但不是南泠水，像江岸边的水。"军士说："我们乘船到江中取水，有上百人看到，哪敢作假！"陆羽不说话，接着把整盆水倒出，倒到一半急忙停止，又用木勺盛起扬了扬，说："这才是南泠水啊！"取水的军士大为吃惊，慌忙说："我们取了南泠水，乘舟返回时，小船晃荡得厉害，水被晃掉一半，担心少了，在岸边添满了。您真是神了！我们哪敢骗您呐！"李季卿和宾客全都大为惊骇。

李季卿接着问：你既然那么能辨水，不妨把你经历之处的水，作优良差劣的判别。陆羽说：楚水第一，晋水最差。随后口授让人写了最宜茶的 20 种水。

2 ｜南泠水，又称南零水，江苏镇江北的扬子江（长江）中岛屿流入扬子江的泉水，在唐朝刘伯刍列举的七处煎茶好水中排第一，在陆羽与李季卿对话所说的 20 种煎茶好水中排第七。

延伸阅读
南零水考

南零水，一般说的扬子江中南零水，到底在何处，说法不一。一说南零，亦作南泠，江苏镇江西北有金山，其南面有南零泉；一说南零、北零水，是流入长江镇江北扬子江部分的两股水流。南宋罗泌《路史》卷四七称："今扬子江心有南零、北零之异，而知其入而不合，正不疑也。"

据孙国敉在《中泠泉考》中说的"江心夹石渟（tíng）渊"，六字为中泠泉的准确写照：它是石排山临江悬崖夹石缝里流出的泉水。山畔有郭璞墓，墓旁山石棱锐，当中有一泉泠然上涌而出，非常清澈，春夏江水涨，无法汲取，秋冬水落石出，需从金山乘小船到郭璞墓，脚踩着石棱，从石骨中间汲取。江水湍急，山石嶙峋，汲泉甚是危险。

2. 千里迢迢"水递"

晚唐诗人皮日休有《题惠山泉二首》，其中一首为："丞相长思煮泉时，郡侯催发只忧迟。吴关去国三千里，莫笑杨妃爱荔枝。"这里的丞相即唐朝宰相李德裕。皮日休的诗意为：李德裕宰相爱喝茶，地方官员催促驿站给他送水，担心水送到晚了。从古时吴国惠山运水到京城长安有三千里远啊，不要再笑杨贵妃爱吃福建的荔枝了！

晚唐政治家李德裕，四朝为官，做过兵部侍郎、中书侍郎、兵部尚书，外派多地做过节度使，功绩显赫，政声很高，不过在千里送泉水这点上，他做得不对，皮日休诗说的是事实，讽刺他一点也不冤枉。后来在僧人允躬的劝说下，李德裕终止了千里送泉水的事情。

宋人王谠的笔记《唐语林》详细记载了这件事：李德裕简朴俭省、不好声色，往往十天半月不饮酒，但追求名声，渴望建功立业。做宰相的时候，烹茶不用京城的水，全都从常州的惠山寺运来，当时叫"水递"。跟他相好的僧人允躬对他说：您的功绩道德可与古代的伊尹、皋陶相比，但是一件细小的事情在损坏您的盛德。不远万里去汲取泉水，不是劳民伤财吗？李德裕说：在世俗生活中，总会有嗜好和欲望，不食人间烟火，哪有立足之地啊？不过，弟子我行于世，没有常人的嗜好和欲望，不图钱财，不好声色，不迷于长夜之欢，从来没有大醉过。和尚您不让我饮上好的茶水，这不是自虐吗？如果遵从您的指令，终止喝这泉水，从而大肆聚敛钱财，广纳姬妾奴婢，天天声色犬马，最后败了家，罹患一身病，那会怎么样呢？允躬说，您不明白我的意思。您见多识广，但只知常州有惠山寺，不知您脚下就有惠山寺的井水。李德裕说：这怎么说？允躬说：极南之物极北处也有，正是这个道理。苏州的许多物产，关中也有。京城昊天观厨房后面的井，据传跟常州惠山的泉脉是相通的。

后来，李德裕让人取来一盆惠山泉水、一盆昊天观井水、几盆其他水，让允躬分辨。允躬作了准确的判定。自此，李德裕终止了从常州的"水递"。

延伸阅读
唐庚嘲笑李德裕千里递水

　　吾闻茶不问团銙，要之贵新，水不问江井，要之贵活。千里致水，真伪固不可知，就令识真，已非活水。

　　　　　　　　　　　　　　　　——（宋）唐庚《斗茶记》

　　另：首尾七年，更阅三朝而赐茶犹在，此岂复有茶也哉！——《斗茶记》还顺便嘲笑了一下欧阳修放了7年的茶已不新鲜。

3. 鱼目蟹眼

　　"鱼目蟹眼"是对热水滚开前所冒泡的形象描绘，煎煮茶的水烧到此时是最合适的。唐宋时期，煎煮茶用的是茶末，追求茶沫浮在碗面的"乳面"效果，所以煎煮时间、温度非常讲究。陆羽《茶经》强调开水"其沸如鱼目，微有声，为一沸。缘边如涌泉连珠，为二沸。腾波鼓浪，为三沸"。

　　陆羽将一沸形容为"鱼目"，宋朝皇帝赵佶在《大观茶论》中将二沸形容为"蟹眼"："凡用汤以鱼目、蟹眼边绎迸跃为度，过老则以少新水投之，就火顷刻而后用。"

　　也有用"虾目"来形容水沸腾程度的，如曾慥引谢宗《论茶》"候蟾背之芳香，观虾目之沸涌。细沤花泛，浮浡（bó）云腾"。但"鱼目蟹眼"用得最多，成了习语。

　　宋代苏轼《试院煎茶》："蟹眼已过鱼眼生，飕飕欲作松风鸣。蒙茸出磨细珠落，眩转绕瓯飞雪轻。"

宋代苏辙《次韵李公择以惠泉答章子厚新茶二首》："蟹眼煎成声未老，兔毛倾看色尤宜。"

明代陈鉴《虎丘试茶口号》："蟹眼正翻鱼眼连，拾烧松子一条烟。携将第一虎丘品，来试慧山第二泉。"

明代晏如生《竹里煎茶》："细看蟹眼兼鱼眼，更试龙团与凤团。"

延伸阅读

汤何为"纯熟"？

虾眼、蟹眼、鱼眼连珠，皆为萌汤，直至腾波鼓浪，水气全消，方是纯熟。如初声、转声、振声、骤声，皆为萌汤，直至无声，方是纯熟。如气浮一缕、二缕、三四缕，及缕乱不分，氤氲乱绕，皆为萌汤，直气至冲贯，方是纯熟。

——（清）刘源长辑《茶史》

4. 作汤十六法

唐代的苏廙[3]写过《仙芽传》，里面有制作茶汤"十六法"：按茶汤的老嫩，可分为三品；按开水冲入茶末的快慢，可分为三品；按盛茶水的容器，可分为五品；按煮茶的薪炭，可分为五品。共计分出十六种茶汤。

---

3 | 廙，音 yì。苏廙，生卒年月不详，约为晚唐五代或五代宋初人。

《仙芽传》已失传，《十六汤品》因被陶谷《清异录》抄录而流传下来。

《十六汤品》开篇说："汤者，茶之司命。"点明热水对茶极其重要，决定着茶之命运。

苏廙接着逐一分析十六汤品。第一品：热水老嫩适度，是"得一汤"，可将茶性发挥到最佳效果；第二品：热水太嫩，叫"婴汤"，如孩儿未长成，难以承担重任；第三品：热水滚开时间太长了，叫"百寿汤"，如耄耋老者难堪大任；第四品：热水冲于茶膏中力度适当，称"中汤"，能让茶浓淡适度；第五品：热水冲入茶膏中时断时续，很不均匀，称"断脉汤"；第六品：热水冲入茶膏过猛而粗，茶膏与茶水不适配，叫"大壮汤"；第七品：用金银器盛热水、茶汤，叫"富贵汤"，金银茶器能充分发挥茶性，但富贵人家才用得起；第八品：用石制茶具做出的茶汤，没有不好的，称"秀碧汤"；第九品：不喜金银又厌恶铁制茶具的幽士逸夫，使用瓷制茶具制作的茶汤，称"压一汤"；第十品：以铁铅锡茶具做出的茶汤，"腥苦且涩"，"恶气缠口不得去"，故称"缠口汤"；第十一品：用粗陋陶器盛茶汤，会大损茶之丰韵，称"减价汤"；第十二品：木柴可煮茶，不一定非炭不可，但不能熏，烟熏环境中煮出的茶汤，犯了茶家忌讳的律与法，称"法律汤"；第十三品：用麦麸、碎屑等燃料煮出的茶汤，远不如炭火煮出的茶，称"一面汤"；第十四品：用牛粪、马粪等作燃料煮出的茶汤，茶味受染，叫"宵人汤"；第十五品：用竹枝树梢作燃料煮出的茶汤，虚薄，不厚重，可叫"贼汤"或"贱汤"；第十六品：茶汤忌烟，烧柴枝煮茶，浓烟蔽室，煮不出好茶，这样煮出的茶称"魔汤"。

延伸阅读

对十六汤品的好评与差评

十六汤品"大抵恒饤成书，不足以资观览"。

——《四库全书总目》

十六汤品不过是"游戏文章"。

—— 万国鼎《茶书总目提要》

苏廙《仙芽传》载汤十六云：调茶在汤之淑慝，而汤最忌烟。燃柴一枝，浓烟满室，安有汤耶，又安有茶耶？可谓确论。

——（明）屠本畯《茗笈》

宋徽宗有《大观茶论》二十篇，皆为碾余烹点而设，不若陶谷《十六汤》韵美之极。

——（明）陈继儒《茶话》

5. 欧阳修辩水

这里说的是欧阳修"辩"水，而不是"辨"水。宋代大文豪欧阳修写有《大明水记》和《浮槎山水记》两篇文章，对唐代陆羽和张又新对宜茶之水的论说进行评价，他贬张扬陆，认为陆羽对水的论述正确，而张又新的说法不对。

《大明水记》比较陆羽《茶经》与张又新《煎茶水记》关于水的论述，认为两者是相互矛盾的。陆羽说："山水上，江水次，井水下。"又说："山水，拣乳泉、石池漫流者上。""江水取去人远者，井取汲多者。"而《煎茶水记》引刘伯刍的话，将水分为七等，又记陆羽与李季聊论水，列 20 种水。在刘伯刍说的七等水中，第一等是江水，第三、第四、第五等都是井水。而张又新所记的陆羽跟李季卿论水 20 种，多数江水居山水之上，井水居江水之上，与陆羽《茶经》中的论述相反，他怀疑这不是陆羽的看法。

在《浮槎山水记》中，欧阳修说他品尝了庐州境内浮槎山和龙池山的水，发现龙池山的水比浮槎山的差远了，而张又新《煎茶水记》中将庐州龙池山的水列在第十，而浮槎山的水根本排不上号。《浮槎山水记》说，浮槎山水，是李侯发现。李侯凭镇东军留后的身份兼庐州太守时，曾登浮槎山，发现山上有石池，水流"涓涓可爱，盖羽所谓乳泉漫流者也"。他饮泉水，发现异常甘甜，便考察一番，画了图，作了记载，还装了泉水运到京城，送给欧阳修。

欧阳修由此认为，张又新《煎茶水记》对水的等级、品评不甚可靠，而陆羽《茶经》对水的论述是准确、可信的。

6. 苏东坡的"调水符"

"符"字的第一层意思是"古代朝廷传达命令或征调兵将用的凭证"，最常见的有"虎符"。宋代大文豪苏东坡为了得到烹茶的好水，做了一对竹符，戏称"调水符"。事情是这样的：一次，苏东坡到玉女洞游玩，洞中泉水甘洌，烹茶极佳。他带走两瓶，担心以后差人再来取水时，取水者取巧弄假，便用竹子做成一对符，一块交给附近的寺僧，一块自己带走。以后来取水的人需跟寺僧换一块竹符，以证明真的到了玉女洞取水。宋朝人吴聿在《观林诗话》中记下了这个故事，说好事者都在传，但不能确定是否真有其事。

这事应该是真的，苏东坡有一首诗就是写这调水符的，诗名叫《爱玉女洞中水既致两瓶恐后复取而为使者见绐》。诗云："欺谩久成俗，关市有契繻。谁知南山下，取水亦置符。古人辨淄渑，皎若鹤与凫。吾今既谢此，但视符有无。常恐汲水人，智出符之余。多防竟无及，弃置为长吁。"在这首诗里，苏东坡介绍了为什么要制作调水符以及后来为什么弃而不用：社会上欺骗盛行，关隘与市场上通用帛制的信符。担心来玉女洞取水的人不讲信用，因而制作了调水符。他又担心调水符不管用，最后并没有使用。不过，他还是把这首写调水符的诗寄给弟弟苏辙看，苏辙回赠一诗《和子瞻调水符》："多防出多欲，欲少防自简。君看山中人，老死竟谁谩。渴饮吾井泉，饥食瓶中饭。何用费卒徒，取水负瓢罐。置符未免欺，反覆虑多变。授君无忧符，阶下泉可咽。"还是苏辙说得好：欲望太多防不胜防，调水符自欺欺人。饥食简餐，渴饮身边水，"无忧符"才最管用！

玉女洞在何处？苏东坡有一首诗说到玉女洞，这首诗的标题特别长，可能是中外诗中最长的标题了——留题仙游潭中兴寺寺东有玉女洞洞南有马融读书石室过潭而南山石益奇潭上有桥畏其险不敢渡，共41字！仙游潭和中兴寺都在陕西周至县境内，离苏东坡曾任职的凤翔府并不太远，苏东坡有诗《仙游潭五首》。看来，玉女洞就是这仙游潭的中兴寺东边的玉女洞了。

延伸阅读

徐㶿赞苏东坡竹符

　　苏子瞻爱玉女河水烹茶，破竹为契，使寺僧藏其一，以为往来之信，谓之调水符。吾乡亦多名泉，而监司郡邑取以瀹茗，汲者往往杂他水以进，有司竟售其欺。苏公竹符之设，自不可少耳。

——（明）徐㶿《茗谭》

7. 铁筛泉

　　明代徐献忠《水品》说，黄岩有一眼泉水叫铁筛泉。"方山下出泉甚甘，有古人欲避其泛沙，置铁筛其内，因名。士大夫煎茶，必买此水，境内无异者。"如今，浙江台州黄岩九峰公园有"铁筛甘井"一景。

8. 古人千奇百怪的净水法

　　明朝的张大复在《梅花草堂笔谈》中说："茶性必发于水，八分之茶，遇水十分，茶亦十分矣。八分之水，试十分之茶，茶只八分耳。"明朝钟惺的《虎丘品茶》诗"水为茶之神，饮水意良足。但问品泉人，茶是水何物"，一句"水为茶之神"把水与茶的关系说得极其透彻。正因为水对于茶如此重要，古代一些嗜茶的文人四处寻泉鉴水，有人不惜千里递水，或者花钱购买烹茶好水，在好水不可得的时候，甚至会花大功夫净水、储水，其净水方法可谓林林总总、千奇百怪。在此引录部分，供参考，供一笑。

明代张源所撰《茶录》有"贮水"一小节："贮水瓮，须置阴庭中，覆以纱帛，使承星露之气，则英灵不散，神气常存。假令压以木石，封以纸箬，曝于日下，则外耗其神，内闭其气，水神敝矣。饮茶，惟贵乎茶鲜水灵。茶失其鲜，水失其灵，则与沟渠水何异？"张源的意思是，烹茶的水，要活，要灵，没有活水，要把存贮水的罐、缸放在阴凉处，盖上纱帛就行了，让水能够承接露水、通气，这样的水才能保持灵气、神气。如果将贮水罐、缸盖得严严实实，放到太阳下，水的神与气就会耗尽，不再是好水了。

明朝屠本畯《茗笈》"第六品泉章"："《茶记》言养水置石子于瓮，不惟益水，而白石清泉，会心不远。夫石子须取其水中表里莹澈者佳，白如截肪、赤如鸡冠、蓝如螺黛、黄如蒸栗、黑如玄漆，锦纹五色辉映瓮中，徙倚其侧，应接不暇，非但益水，亦且娱神。"屠本畯说的是，存贮水的瓮、缸，要放入晶莹光洁、色彩亮丽的石子，它们不仅养水还养眼。

明朝李日华《六砚斋笔记》说："武林西湖水，取贮大缸，澄淀六七日。有风雨则覆，晴则露之，使受日月星之气。用以烹茶，甘淳有味，不逊慧麓。……凡有湖池大浸处，皆可贮以取澄，绝胜浅流。阴井昏滞腥薄，不堪点试也。"李日华存贮水的办法是：用大缸大瓮盛湖泊水，风雨天盖起来，晴天敞开，让水承受日月星辰之气，这样存贮的水比那些低浅漫流的水还好，而那些密闭井坑里的水寡淡有腥气，不宜用来烹茶。当然，李日华所在的时代，大湖大泊没有受到如今工矿农牧业的污染。

明朝黄履道辑、清佚名增补的《茶苑》载有《涌幢小品》："家居苦泉水，难得自以意。"取寻常井水煮滚，总入大瓷缸，置庭中避日色，俟夜天色皎洁，开缸受露，凡三夕，其水即清澈，缸底积垢二三寸，亟取出，以蜮 [4] 盛之烹茶，与惠泉无二。这里介绍的净水方法是：烧开平常的水，放入缸中，缸口敞开，让它承受露水，连续三个晚上，缸中的水就变清澈了。用这样的水来烹茶，跟有名的惠山泉水烹出的茶水一样。因为井水烧开，又承受露水获取真气，水就恢复到它最初的良好状态了。这是《涌幢小品》的说法，是否真如此，尚需实践检验，至少"缸底积垢二三寸"之说过于夸张了！

9. 洗水

水是最常用、最廉价，也是最佳的洗涤材料，世上绝大多数物品，都可用水来洗，而且可以洗得很干净。但是，水可以被洗吗？回答是：可以！我国古代的一些嗜茶者，为了获得好的烹茶之水，发明了一些"洗水"奇招（也可能是怪招）——把那些不够新鲜的水，通过一定的办法让它变新鲜，甚至用水来将它"洗"得更新鲜。

明代黄履道辑、清代佚名增补的《茶苑》卷 11 引《煮茶录》说：惠山的泉水存放久了，水会变淡，与一般的水没有区别。以前的人要把惠泉水洗一洗。洗的办法是：把纱帛覆盖到

---

4 | 蜮，音 guó，本意指耳朵，这里指带耳陶瓷容器。

空缸上面，将放久了的惠泉水倒到缸中，用竹片夹一块寒水石，用线绑牢了，手拿夹着石块的竹片，不停地在缸中搅动，等水沉淀后，倒入普通的半缸水，露天放一两个晚上，再用缸把水装起来，这水就跟新汲的惠泉水没有区别了。[5]

《茶苑》卷11同时引《今坐编》说：泉水放久了，颜色和水味都会变，可用河流中游的水和泉水各半，倒入缸中，持续搅动使它均匀，等待缸中的水澄清。河水会浮在上面，倒掉上面的一半水，剩下一半就恢复了泉水的水性，跟新汲的泉水无区别了。这实际上是用密度不同的水来"洗"泉水。按此办法，河水轻，泉水重。倒掉上面较轻的河水，泉水便是澄清的了。[6]《茶苑》又说：泉水存在缸中，离灶火近或者人手接触，水便会生虫，色味受损甚至大受损。只需要用两个容器将水倒来倒去数十次，泉水便活了。[7]

乾隆皇帝也曾让人"洗水"。乾隆曾用小银斗来称不同的

5｜《茶苑》原文为："昔人折洗惠泉法：惠泉汲久，则味淡与常水无异。每一瓻用常水半瓻纱帛隔幕空缸，将惠泉从瓻中倾入缸内，用寒水石一块，夹于小竹竿上，线缚定，不住手将缸中惠泉水细搅，久之，候水澄定，然后用常水半瓻搀入，露一、二宿，仍入瓻收之，与新汲者无异。"

6｜《茶苑》原文为："泉水久贮，色必败味，用通河中流之水，与泉各半置缸中，久搅使匀，待其澄清，河水上浮，割去上半，泉性自复，无异新汲。"

7｜《茶苑》原文为："泉贮缶中，稍近火气或触人手，便至生虫，色味亦损，然未至大败，只须以两器腾注数十过，其泉便活。"

泉水，他发现北京玉泉山的泉水最轻。他洗水的办法与《今坐编》所说类似，不过他是取缸上面较轻的水来烹茶。乾隆皇帝每次出游，必定带着玉泉山的水。长时间出行，舟车颠簸，水不新鲜了，他就让太监们"以水洗水"。办法是：将玉泉山的水装到一个有刻度的大容器中，记住水的容量刻度，每过一段时间，水不够新鲜时，就往容器里倒入其他水，不停地搅拌，待水沉淀后，倒出与原来容量相当的水，这就是洗后新鲜的玉泉山水了，沉淀在下面的是用来洗泉水的水，倒掉。

10. 汤老矣

汤分老嫩，这是唐宋煎煮茶的讲究。与"鱼目蟹眼"相同，都是区分煎茶之水适宜温度的，只是说法不同。《茶经》：三沸"以上水老，不可食用"。宋代曾慥（zào）辑《茶录》说，三沸"汤老矣"！

明代开始用茶叶冲泡茶汤，也还有人沿用唐宋烹煎茶末之法。明代许次纾《茶疏》："水一入铫，便须急煮。候有松声，即去盖，以消息其老嫩。蟹眼之后，水有微涛，是为当时。大涛鼎沸，旋至无声，是为过时。过则汤老而香散，决不堪用。"这说的仍是唐宋烹茶法，烧水时，锅边冒泡、发出松涛般的声音，尚未大滚开，是最合适的。一旦水滚开，发出沸腾的响声直至没有声音，水就老了，不能烹煮茶了。

汤之老嫩，与煮茶方式有很大关系。清代刘源长辑《茶史》二卷"汤侯"中说得很明白：按陆羽的煎茶方法，把茶末放到锅中煮，水二沸时最合适。[8]明代张源《茶录》对"汤用老嫩"作了辨析，认为古人用嫩汤，因为把茶碾成末再煎，"古人制茶，造则必碾，碾则必磨，磨则必罗，则茶为飘尘飞粉矣"。"今时制茶，不假罗磨，全具元体，此汤须纯熟，元神始发也。故曰汤须五沸，茶奏三奇。"张源说得再明白不过了：唐宋时期煮茶末，讲究汤之老嫩；明之后，是用开水冲泡茶叶，水需要滚开，茶才出味。水至"五沸"都没关系。明代陈继儒《茶话》："蔡君谟汤取嫩而不取老，盖为团茶发耳。今旗芽枪甲，汤不足则茶神不透，茶色不明。故茗战之捷，尤在五沸。"陈继儒也说冲泡茶，水应该五沸。

11．异泉

明人田艺衡《煮泉小品》是专门谈烹茶泉水的著作，引述了众多名人对泉水的点评，他自己也有很多对水的精湛评论。其中有一节叫"异泉"，介绍了多种奇异的泉水，如醴泉，泉水味甜如酒，能让人长寿；玉泉，玉石之精液汇聚成泉（他引《十洲记》的话：瀛洲玉石山流出的泉水如酒，名叫玉醴泉）；乳泉，石钟乳流出的泉水，泉白而体重，极为甘甜且香，像甘露一样；云母泉，云母石矿上面的泉水清澈透明，滑润而甘甜……

最有意思的是蒋灼为《煮泉小品》所题之跋记述了几种更奇异的泉水：在广东有贪泉，在广西有愚泉，在狂国有狂

8｜《茶史》原文："陆氏烹茶之法，以末就茶镬，故以第二沸为合量。"

泉，在山东有盗泉。贪泉在广东南海县西北，传说饮后贪得无厌。柳泉在古零陵县愚溪（今广西全州县境内）东北，柳宗元被贬柳州时曾游此地，题名"愚泉"，有人认为柳宗元的意思是："我的愚笨已经及于溪流和泉水了。"狂国的狂泉更像一则寓言故事，语出《宋书·袁粲传》⁹，故事说很久以前有一个国家，有一条溪流，名叫狂泉。国民喝了狂泉水，没有不狂的。只有国王打井取水，一点也不狂。一个国家的人都狂了，他们反而认为不狂的国王已经狂了。于是大家合谋，一起抓住国王要治疗他的狂病，针灸吃药，用艾炷拔火罐，所有的手段都用上了。国王不堪其苦，也去喝了狂泉的水，一喝就狂。这样一来，从国王、大臣到民众，大家一样狂。结果当然是全国欢腾一片。盗泉，语出《尸子》，说的是孔子经过盗泉时，渴极了也不饮这泉水，因为厌恶"盗泉"这名字。

12. 张岱精辨茶水

明末清初，有一位茶艺大师名叫闵汶水，他沏的茶被称为"闵茶"。清乾隆年间的进士刘銮在《五石瓠》中详细地介绍了闵汶水和"闵茶"。与闵汶水同一时代，有一位文人叫张岱，字宗子，号陶庵，浙江山阴（今浙江绍兴）人。张岱癖好极多，

9 |《宋书·袁粲传》原文："昔有一国，国中一水，号曰狂泉。国人饮此水，无不狂。唯国君穿井而汲，独得无恙。国人既并狂，反谓国主之不狂为狂，于是聚谋，共执国主，疗其狂疾，火艾针药，莫不毕具。国主不任其苦，于是到泉所酌水饮之，饮毕便狂。君臣大小，其狂若一，众乃欢然。"

嗜茶尤甚，精于鉴茶，长于辨水，深悟茶理，善写茶文，明鉴茶具，他在《自为墓志铭》中自称"茶淫橘虐"[10]。

在明朝末代皇帝崇祯吊死煤山之前6年，张岱与闵汶水两人演绎了一段有趣的故事。

张岱听说闵汶水很会沏茶，他便乘船到南京闵汶水的住地桃叶渡，专程去喝茶。他下午三四点钟到闵汶水家，不巧，闵汶水外出了。半晌，"婆娑一老翁"，闵汶水才回来。一进门见有陌生客人，闵老爷子说"杖忘某所"，便急急乎往外走。那年张岱41岁，虽无任何官衔，但出身宦官世家，能诗通史精于戏曲，算得上一大才子。这让他很难堪。不过，张岱转念一想，既然专程来，未喝到茶岂可空手而归？他便耐心等待。又等了很久，闵老爷子才回来。他睨视着张岱说："客人还在啊？赖在这儿有什么事？"张岱回答说："我仰慕您老很久了！今天不畅饮您老的茶，我是不会走的。"

闵汶水听了很高兴，马上生火烧水，一会儿就煮好了茶。他引着张岱到一间屋子，那里窗明几净，摆放着荆溪壶、成宣窑茶碗等，有十余种，样样精绝。在灯下看，那茶汁跟茶碗是一色的，香气逼人。张岱心里叫绝，他问闵汶水："这是哪里的茶？"

闵汶水回答："阆苑茶。"

张岱再品一口，感觉不对劲："您别诳我！是阆苑茶的制作之法，但味儿不对。"闵汶水偷偷一笑，说："那你说是哪里的茶？"张岱再品一口："很像罗岕茶。"闵汶水吐了吐舌头：

10 | 淫、虐，均表示"过分""无节制"之意。"茶淫橘虐"，指酷爱品茶和吃橘子。

"奇了，奇了！"

张岱又问："请问沏茶用的什么水？"

"惠水¹¹。"

张岱说："您开玩笑了！惠水离这儿挺远的，怎么会有这般鲜活？"

闵汶水说："实不相瞒，取惠水必先淘井，深夜时分待新泉渗出时再汲取。把山石放在水瓮底，船顺风时运回来，所以水还很鲜活。这样运回的水比惠水还好，何况其他水了！"他又吐吐舌头："你真是奇了，奇了！"

说完，闵汶水离开了。过了一会儿，他提来一壶茶，给张岱斟上，说："你尝尝。"

张岱品了品："香气浓烈，滋味醇厚，这是春茶；刚才品尝的是秋茶。"

闵汶水大笑："我70岁了，一辈子专心于茶，没有见过像你这样精确鉴赏茶的人！"

张岱放声大笑。两人由此成至交好友。

这段趣事被张岱写进了他的笔记类著作《陶庵梦记》里，他为这段故事起了个小标题"闵老子茶"。

延伸阅读

张岱对自己七不解

向以韦布而上拟公侯，今以世家而下同乞丐，如此则贵贱

---

11 | 惠水，惠山寺石泉水，在无锡惠山第一峰白石坞。

綮矣，不可解一。产不及中人，而欲齐驱金谷，世颇多捷径，而独株守於陵，如此则贫富舛矣，不可解二。以书生而践戎马之场，以将军而翻文章之府，如此则文武错矣，不可解三。上陪玉帝而不谄，下陪悲田院乞儿而不骄，如此则尊卑溷矣，不可解四。弱则唾面而肯自干，强则单骑而能赴敌，如此则宽猛背矣，不可解五。夺利争名，甘居人后，观场游戏，肯让人先，如此则缓急谬矣，不可解六。博弈樗蒲，则不知胜负，啜茶尝水，则能辨渑淄，如此则智愚杂矣，不可解七。

有此七不可解，自且不解，安望人解？故称之以富贵人可，称之以贫贱人亦可；称之以智慧人可，称之以愚蠢人亦可；称之以强项人可，称之以柔弱人亦可；称之以卞急人可，称之以懒散人亦可。学书不成，学剑不成，学节义不成，学文章不成，学仙学佛，学农学圃俱不成，任世人呼之为败家子，为废物，为顽民，为钝秀才，为瞌睡汉，为死老魅也已矣。

——张岱《自为墓志铭》

13. 张岱发现禊泉

张岱在《禊泉》一文中介绍了他发现禊泉的经过。

18岁那年，张岱经过斑竹庵，取井里的水喝了一口，感觉就像含着玉一样凉爽，非常奇特。他就近观察水的颜色，那水像秋月下的天空让雾气喷洒成一片白色；又像山洞里飘出的袅袅轻烟，缭绕在松树和山石间，淡淡的将要散尽的样子。张岱发现井口有字，他擦了擦，"禊泉"两字显现出来，非常像王羲之的书法。

张岱用这泉水煮茶，茶香很快发散出来。他觉得刚汲取的襟泉水有少许石腥味，存放三个晚上才会散尽。经过张岱的宣传，每天都有人到襟泉取水，有人取水来酿酒，有人用来开茶馆，还有人把水装起来卖或者送给自己的上司。董方伯做浙江地方官的时候，非常喜欢喝襟泉水，他担心供不应求，把襟泉封锁了起来，襟泉因此更出名了。

张岱的运水工偷懒，不到襟泉取水，拿别的水来代替，张岱打了他一顿。运水工责骂他的同伴，怀疑是同伴揭发了他。张岱告诉他，他取来的水是某地某井的水，他才信服。

过去，有人能用舌头分辨淄水、渑水[12]，别人以为夸大其词，是不可能的事。张岱的嘴却很容易将这两种水分辨出来，就像春秋时的厨神易牙一样，有极其敏锐的味觉。

14. 运送饮茶泉水契约

古今中外，有各种各样的契约，运水契约当然不会少，我国在明代就有了运水的契约，而且是为了饮茶，远程运送山泉水。虽然唐朝宰相李德裕曾让人将惠山泉"水递"到长安，但那是有专人服务的，想必没有契约。

明朝李日华撰有《运泉约》一文，记的是运送惠山泉的契约。这篇短文分两部分，前面部分是李日华以"竹懒居士"之

12｜淄水，淄河，小清河的支流，发源于济南市莱芜区东部。渑水，读作 shéng shuǐ，古水名，水流不大，发源于临淄市。

号撰写的序言或契文，后面是平显（号"松雨斋主人"）所写的契约格式条文。

从契约格式条文可知，惠山泉水以坛论价，每坛运资银三分，坛价另算，优质坛每个银三分，质量差些的坛每个银两分，坛盖每个银三厘或四厘，坛盖可自备。每月上旬交费，中旬运水，泉水到后需自己抬入屋内，运泉人只负责运送到门外。如此看来，这不是雇人运泉水，而是有组织地运送，需要者提前付费订购。

惠山泉水，无锡惠山第一峰白石坞的泉水。唐代张又新《煎茶水记》列举了煮茶的七等水和20种好水，惠山泉水均列第二。将惠山泉水运到哪里？《运泉约》没说。从李日华写的《运泉约》序言"环处惠麓，逾二百里而遥；问渡松陵 [13]，不三四日而致"可知，不是运到明朝的京城（今南京）。因为松陵是今江苏吴江的别称。从无锡惠山往南，在松陵过渡，"不三四日而致"，很可能是运到今日之杭州。

15．洁癖的无知

元末明初，苏州有个叫徐达左的人，家里有大量藏书。他在邓尉山修建了一座养贤楼，隐居于山中，当地名士多到此聚集。其中有个叫倪瓒（字泰宇，别字元镇）的画家，是常客。这个倪元镇的洁癖是出了名的。有一次，他让客人留宿，担心

---

13 ｜ 松陵，今苏州市吴江区，原为吴江县，得名于吴江。

吴江，古称松陵江、笠泽江、松江，今称吴淞江。

客人弄脏了他的房子，时不时出屋来听。偶尔听到一声咳嗽，他便于第二天早晨让人到处寻找痰迹。这位"洁癖王"看到徐达左家的童子从山中的七宝泉担水回来，便让人将前面一桶水拿来煎茶，后面一桶水用来洗脚。人们不解其意。他说："前面一桶水没受污染，所以用来煎茶；后面一桶水会受到担水人排出的气味污染，因此用来洗脚。"明代人顾元庆在他的笔记《云林遗事》中记下了这件事。时人评论：洁癖竟到了如此程度！

倪元镇显然没挑过担子，非常无知。挑过担子的人都知道，担子压在肩上，是挺累的，为减轻劳累，行走得更远，必须"换肩"[14]。这一换，前桶变成了后桶，后桶变成了前桶。童子到山中担水，无论远近，都得不断"换肩"。水桶不断从前面换到后面，从后面换到前面，所以"前桶""后桶"早就混乱了。

16. 以《乞水图》换雪花水

清朝康乾时期，江苏扬州地区活跃着一批书画风格相近又异于常人、不落俗套的书画家，当时社会上对这批人多有贬斥、毁损之倾向，称之为"扬州八怪"，后世对他们则多有肯定，美术史称之为"扬州画派"。

---

14 | 换肩，是在左右肩膀之间换担子，让肩膀得到休息。换肩，不用把担子放在地上，也不必停下脚步，只要在行走中把扁担从脑后转到另一肩膀上就行了。

汪士慎是"扬州八怪"中的翘楚,一生坎坷,年近40岁才从老家安徽休宁赶到扬州投靠老乡。他善画梅,神腴气清,墨淡趣足。他寓居扬州十年后靠卖画买了一处老房子,终于有了自己的家。他54岁左眼失明,自嘲"尚留一目看梅花",67岁右眼失明,双盲后仍能画梅花、写字。

汪士慎不好酒只嗜茶,本书"清爱梅花苦爱茶"条目曾介绍他。同为"扬州八怪"的金农曾说汪士慎"诗人今日称茶仙"。

汪士慎对烹茶之水尤为讲究。他认为,天然的山泉水是容易得到的,难得的是清晨花枝上的露水,他会耐心等待露珠顺着花须滴入瓶中,积攒下来用以烹茶。《红楼梦》中妙玉用雪水烹茶,看来并非曹雪芹虚构,汪士慎就很喜欢用陈年雪水烹茶。当他听说邻居焦五斗家藏有一年前所收集的蜡梅上的雪水后,便持瓮相求,以一幅《乞水图》相赠,这便是历史上的以图换水佳话。

郑板桥听说此事后写了一首诗:"抱瓮柴门四晓烟,画图清趣入神仙。莫言冷物浑无用,雪汁今朝值万钱。"

汪士慎获得珍贵的陈年雪水后,用他喜欢的素瓷小茶炉细细烹之,烹煮时还用松子助燃。他认为这样才能泡出极致的茶水。

17. 学士泉

学士泉在广州,它的得名与明朝一个叫黄谏的人有关。黄谏,字廷臣,号卓庵,别号兰坡,明代兰县(今甘肃兰州)人。

明英宗正统七年（1442年），黄谏考中探花，按定制赐进士及第，并被授予翰林院编修、侍读学士之职，人称"黄学士"。明英宗天顺四年（1460年），黄谏受忠国公石亨案牵连，被贬为广州府判。

古代，珠江水清河深，海水倒灌，珠江水是咸的。历朝历代，广州百姓和官员都把挖一口好井当作重要事情来做，由此留下了数不清的古井。清代诗人黎简诗"岭南多仙井，仙液皆不凡。既以滋地脉，亦得避海咸"，写的正是这一状况。

黄谏嗜茶，喜品泉，他品尝过广州及岭南各地泉水后，对一处泉水极为推崇，立"岭南第一泉"石碑于井旁。他还写了《广州水记》一文，将广州城内的泉、井、涧的水质分为十等，"岭南第一泉"被列为广州诸泉之冠。这井是地下涌出的泉水，民间叫"鸡爬井"（亦称"犀华井"）。据《广州城坊志》记载："井中常有虾若金色，从石浮出，时有五色山鸡飞至饮啄，故名鸡爬井。"因为黄谏学士将其命名为"岭南第一泉"，它又被称为"学士泉"。

后来，学士泉被填埋。1996年，白云山一带施工时，一度被填埋的泉眼重见天日。2002年，广州进行文物普查工作，重新确认此泉眼就是黄谏命名为"岭南第一泉"的学士泉，并将其立为文物保护单位。

18．曹雪芹辨泉

300多年前，北京香山森林茂密，溪流潺潺，寺院、泉水甚多。"香山三百寺，无寺没泉水""香山遍地泉，大小七十眼",说的正是这一现象。

现如今,香山的北京植物园有曹雪芹纪念馆,据说《红楼梦》就是曹雪芹在这几间茅舍里写出来的。曹雪芹"批阅十载,增删五次",写就鸿篇巨著《红楼梦》,当然离不开茶。香山的每一条溪流、每一眼泉水,曹雪芹都拿来试泡过茶。经过反复品鉴,他得出结论:品香泉最佳。品香泉在香山法海寺南边,离曹雪芹住处比较远。曹雪芹每天散步都要走到法海寺,取一壶品香泉水回来沏茶。

当过八旗兵的鄂比是曹雪芹的至交好友,经常到香山看望曹雪芹。鄂比曾写一副对联赠予曹雪芹:"远富近贫,以礼相交,天下有;疏亲慢友,因财绝义,世间多。"上联称赞曹雪芹远离富贵者、亲近贫穷人家,以礼相交,为天下人做出榜样;下联针砭时人争权夺利,为财疏亲慢友、绝交断义。据说,曹雪芹将此联改了几字,加上横批,挂在了自己住室的墙上:远富近贫,以礼相交,天下少;疏亲谩友,因财而散,世间多。横批:真不错!

一天,鄂比来找曹雪芹散步,一会儿下起了蒙蒙细雨,山路不太好行走,鄂比主张就近转转,曹雪芹却坚持到品香泉。鄂比不解。曹雪芹说:香山大小七十泉,唯有这品香泉水最为清洌、甘甜,烹茶为上品。两人慢慢前行,费了不少时间终于到了品香泉,曹雪芹汲了一壶泉水,两人才往回走。

几天之后,天清气爽,鄂比来约曹雪芹散步。但曹雪芹此时文思如泉涌,正在奋笔书写《红楼梦》,不打算去散步了。他递给鄂比一只壶,让他顺便带一壶品香泉水回来。

鄂比走在崎岖山路上,他想,曹雪芹把品香泉说得那么神，我今天要试试他。他先在一山溪源头装上半壶水，又到品香泉加半壶水，兴冲冲地回到曹雪芹家。曹雪芹正在休息，见鄂比提来泉水，忙取出好茶，二人边聊天边沏茶。鄂比一边品茶一边细察曹雪芹的神态，见曹雪芹蛮有兴味地喝了两口，便停住了，也不说话，沉默着，又喝了两口，把茶碗在桌上一推，用审视的眼光看着他。

"怎么啦？"鄂比问。

"你跟我开玩笑吧！你在哪儿打的泉水？这壶里盛的明明是两股泉水，一股是小溪源头的，一股是品香泉的，可对？"曹雪芹答。

鄂比见曹雪芹说得如此肯定，以为他偷偷跟在自己后面看见了，但他见曹雪芹仍穿着睡袍拖鞋，不像上过山。就说："哪能呢！你写书写累了吧？味觉减退了！"

曹雪芹道："别瞒我了！你自己仔细品品，这茶上边半碗，水清味儿正，是品香泉的水；下边半碗就逊色多了，是小溪源头的水！"

鄂比这才相信曹雪芹真的能分辨泉水的细微差别，便夸赞说："你真是茶仙再世、陆羽复生，不光有识别杜康（酒）的本领，还是一位品茶鉴水的行家里手啊！"

这个故事传开后，品香泉的名声更大了。

文学茶事

文学茶事

文学茶事

阿波罗在天亭第一次尝到芳香的茶叶时，产生不朽的力量，那种喜悦胜过花蜜和忘忧药。[1]

~~~[英]纳厄姆·泰特

1. 煎茶申冤

唐人柳珵的小说《上清传》写奇女子上清利用为唐德宗李适贞煎茶的机会，替以前的老爷窦相国[2]申雪了冤屈。

元壬申年的春天，一个月明星稀的晚上，相国窦参在他宠爱的女仆上清的陪同下在庭院散步。上清看到树上藏着一个

---

1 | 语出英国诗人纳厄姆·泰特（Nahum Tate）的诗 *A Poem Upon Tea*。

2 | 窦相国，姓窦名参。唐德宗时，确有叫窦参的官员，《上清传》写得虚虚实实。旧唐书有《窦参传》一文。窦参是工部尚书窦诞的玄孙，熟悉法令，通晓政务治理，刚强耿直而果断。他不避权贵，审理案件以严厉著称，因精准断案而获得好名声，曾任御史中丞。但《窦参传》也说他多任用亲信党羽，让他们担任要职，他依循内心好恶做事，倚仗权势贪财，不知限度，最终被贬为郴州别驾。

人，便将老爷引到屋里，告知此事。窦相国说："陆贽早就谋算着夺我的权位，现在有人藏在我家庭院的树上，我的灾祸要来临了。这事上奏不上奏皇上，我都会遭灾，我必定会死在流放的路上。你是我家里难得的仆从，我身亡家破后，你必定会被收入宫做婢女。皇上如果问到你，你要好好替我解释。"上清哭着说："如果真能那样，我舍死也要为您说话。"

窦相国走到庭院，大声地说："树上的先生，你应该是陆贽派来的。如果保全老夫的性命，我会报答你。"树上的人爬下来，他是个穿麻布孝衣的人。他说："我家正办丧事，太穷，没钱操办。听说相国诚心救助穷人，所以选在夜间来，大人不要怪罪。"

窦相国说："我的全部家产只是封邑交纳的一千匹绢布，本打算拿它来修建家庙，你拿去好了！"

那人请求窦相国把给他的绢布扔到墙外去。窦相国照办了。

第二天上朝时，有人奏报了这件事，说窦相国跟节度使勾结，豢养侠士刺客。窦相国怎么解释都没用。皇上降旨，让他回家等候发落。

一个月后，窦相国被贬为郴州别驾，没收全部家产。还没到流放地，皇上又下诏，命他自我了断。

上清果然被收进宫中为奴婢。因上清善于应对，又会煎茶，几年后被派到德宗皇帝身边侍候。一次，德宗皇帝问她为什么来到宫中。上清便将身世来历告诉皇上。皇上说："窦某人的罪名不仅是豢养刺客，还有严重的贪污问题，抄家时没收充公的银器很多。"

上清流着泪说："窦相国一直做大官，相国就当了6年，每月俸禄数十万钱，皇上还不定期赏赐。没收的那些银器，我亲眼看到那些人刮掉了皇上赏赐的标记。乞求皇上查验清楚。"

皇上命人找来从窦家查没的银器仔细查验，果然发现了刮去赏赐标记的痕迹。皇帝又问豢养刺客之事。上清原原本本地把那天晚上的情况说了一遍。

德宗皇帝随后颁发诏书，为窦参平了反。

2．唐明皇跟梅妃斗茶

"后上与妃斗茶[3]，顾诸王戏曰：'此梅精也，吹白玉笛，作惊鸿舞，一座光辉。斗茶今又胜我矣。'妃应声曰：'草木之戏，误胜陛下。设使调和四海，烹任鼎鼐，万乘自有宪法，贱妾何能较胜负也。'上大悦。"

这段话出自宋人传奇小说《梅妃传》。它的意思是：后来，皇上（唐明皇、玄宗）与梅妃斗茶，环视围观的诸王说："这是'梅精'啊！可以吹白玉笛，跳惊鸿舞，满堂生辉。今天斗茶又胜了我。"梅妃应声而答："小小的儿戏，误胜陛下罢了。论管理朝政，国际间、四海内的纵横捭阖，万乘之君您自有章法，贱妾我哪能跟您比啊！"皇上大为高兴。

梅妃，莆田人，姓江，15岁时被出使福建、广东的高力士选中，带回京城侍奉唐明皇。她年轻貌美，能诗善赋，自认

3｜斗茶，起源于唐末五代，盛行于宋朝。唐明皇时期，显然还没有斗茶。

可以跟晋朝的才女谢道韫相比。她仪态明秀优雅，生性喜爱梅花，住的地方，栏杆内外都种了梅花。梅花盛开时，她赏梅赋诗，到了夜间还在花间徘徊，不肯离去。唐玄宗非常宠爱她，为她的住处题写匾额"梅亭"，称她为梅妃。

《梅妃传》写唐玄宗如何万般宠爱梅妃，后来杨贵妃入宫，梅妃受打压，被贬入上东阳宫。一次，唐玄宗与梅妃幽会，被杨贵妃发现，梅妃更受冷落。安史之乱，杨贵妃死了，唐玄宗回宫找不到梅妃，看到她的画像就流泪。一天中午，梅妃托梦于唐玄宗，说她死于乱兵之手，被埋在池子东边的梅树下。皇帝派人去太液池边挖掘寻找，找不到，再到温泉池梅树下挖，果然找到梅妃尸体。唐明皇放声大哭，亲自撰写祭文，按照妃子的规格重新安葬。

传记写梅妃可怜、杨贵妃可恶、唐明皇无能无赖，故事跌宕起伏，不过，让人印象深刻的还是那段唐玄宗跟梅妃的斗茶描写。

3．娇女对鼎吹火烹茶

中国文学、史学最早的烹茶情景描写，出自西晋时期的《娇女诗》。这首诗是西晋著名文学家左思的代表作。左思的《三都赋》《咏史诗》也很有名，但在茶史留下浓重一笔的还是这首《娇女诗》。

诗人描摹了两个小女孩在日常生活中的几个场景：模仿大人对镜、握笔、执书、纺织，把衣衫弄得一塌糊涂，再现了女儿们天真稚气、活泼可爱的种种情态，形象地勾画出她们娇憨活泼的性格，字里行间闪烁着慈父的笑意。

最为后人关注的是这两句诗："止为荼荈据，吹嘘对鼎鑑[4]。"荼、荈，都是茶的古体字；据：剧；鑑，是锅。为了让茶早些烹煮好，两个带着稚气的小女孩正对着烹茶的鼎使劲吹火。这场面被左思定格下来，成为被记录下来的我国最早的烹茶情景。

延伸阅读

娇女诗

左思

吾家有娇女，皎皎颇白皙。

小字为纨素，口齿自清历。

鬓发覆广额，双耳似连璧。

明朝弄梳台，黛眉类扫迹。

浓朱衍丹唇，黄吻烂漫赤。

娇语若连琐，忿速乃明集。

握笔利彤管，篆刻未期益。

执书爱绨素，诵习矜所获。

其姊字惠芳，面目粲如画。

轻妆喜楼边，临镜忘纺绩。

举觯拟京兆，立的成复易。

玩弄眉颊间，剧兼机杼役。

4 | 鑑，音lì，同鬲，空足的鼎，古代饮具。

从容好赵舞，延袖象飞翮。

上下弦柱际，文史辄卷襞。

顾眄屏风书，如见已指摘。

丹青日尘暗，明义为隐赜。

驰骛翔园林，果下皆生摘。

红苞缀紫蒂，萍实骤柢掷。

贪华风雨中，眒忽数百适。

务蹑霜雪戏，重蓑常累积。

并心注肴馔，端坐理盘楅。

翰墨戬闲案，相与数离逖。

动为垆钲屈，屐履任之适。

止为茶荈据，吹嘘对鼎𬭚。

脂腻漫白袖，烟熏染阿锡。

衣被皆重地，难与沉水碧。

任其孺子意，羞受长者责。

瞥闻当与杖，掩泪俱向壁。

4．枫露茶

枫露茶出现在曹雪芹《红楼梦》第八回，宝玉在薛宝钗那里喝多了酒回来，茜雪捧上茶来，宝玉喝了半盏，忽又想起早晨的茶来，问茜雪道："早起沏了一碗枫露茶，我说过，那茶是三四次后才出色的，这会子怎么又沏了这个来？"茜雪道："我原留着来着，那会子李奶奶来了，喝了去了。"宝玉听了，将手中茶杯顺手往地上一摔，打了个粉碎，溅了茜雪一裙子。

宝玉又跳起来问茜雪道："她是你哪一门子的'奶奶',你们这么孝敬她?不过是我小时候儿吃过她几日奶罢了,如今惯得比祖宗还大,撵出去大家干净!"说着立刻便去找贾母。这里所说的"出色",是指"出味",枫露茶要泡三四泡才出香气、出味道。这茶,也许是太好太珍贵了,宝玉才如此动怒。

《红楼梦》不止一次提到枫露茶,第七十八回,晴雯死后,宝玉打听晴雯死前说了什么。一小丫头瞎编一通,说晴雯死前说玉皇爷让她去做专管芙蓉花的花神。于是,宝玉撰写了《芙蓉女儿诔》祭奠晴雯,祭文中又一次提到枫露茶:"谨以群花之蕊,冰鲛之縠⁵,沁芳之泉,枫露之茗。"

枫露茶是什么茶?清代顾仲在《养小录·诸花露》中说:"按照熬煮烧酒的办法,制作小一号的锡制蒸锅、木桶,可蒸出各种香露。凡是含有芳香的花、叶,都可蒸香露。香露放入茶水中,馨香宜人;添到酒中香醇可口,制成汁液能做成调料,用处可多啦……"⁶将枫露点入茶汤中,即成枫露茶。

顾仲介绍的是传统的也是家庭可以制作香露(香精)的香露蒸馏法,把通过蒸馏提取的香露放入茶中,就成香露茶了。

5 | 冰鲛之縠,縠,音 gòu,使劲拉满弓,比喻圈套、罗网。这里,"縠"应为"縠"(hú),古称质地轻薄纤细透亮、表面起皱的平纹丝织物为縠,也称绉纱。冰鲛之縠,用冰鲛(鲛,鲨鱼)的皮做成的纱帛,比喻美好的东西。

6 | 《养小录·诸花露》原文为:"仿烧酒锡甑、木桶减小样,制一具,蒸诸香露。凡诸花及诸叶香者,俱可蒸露,入汤代茶,种种益人,入酒增味,调汁制饵,无所不宜……"

《红楼梦》中提到的还有"玫瑰露"、"木樨露"（桂花露）等。凡含有芳香的花瓣花蕾如玫瑰、茉莉、木樨（桂花）、橘皮，以及橘叶、紫苏、薄荷等都能提取香露。正如顾仲所说：凡是含有芳香的各种花、叶，都可以蒸馏出香露，放到汤中作茶饮。不过，枫叶不含芳香物，用蒸馏法很难提取出枫叶香露。

那么，曹雪芹笔下的枫露茶，是真有其茶还是虚构之物？商务印书馆出版的《新编红楼梦辞典》对枫露茶的解释是："《红楼梦》中虚拟的一种茶名。"脂砚斋对《红楼梦》中枫露茶一段文字的批注较多："宝玉吃了半碗茶，忽又想起早起的茶来"（甲戌双行夹批：偏是醉人搜寻得出细事，亦是真情）；因问茜雪道："早起沏了一碗枫露茶"（甲戌侧批：与"千红一窟"[7]遥映）；"我说过，那茶是三四次后才出色的，这会子怎么又沏了这个来"（甲戌侧批：所谓闲茶是也，与前浪酒一般起落）。几乎是一句一批，可见此茶非同一般。脂砚斋批的"与'千红一窟'遥映"，道出了枫露茶所带有的强烈象征性的意象，它并非真正实有的一种茶。周汝昌先生在这一段中加了一个批注："枫露，细思亦红泪之化身也。"这说明，枫露茶重点在"枫露"二字，枫叶，鲜艳的红色；露，如泪滴。所谓枫露茶，跟"千红一窟"茶一样，都是虚构茶，富有隐喻意味。这正是《红楼梦》的深奥之处啊。

---

7 | 贾宝玉在太虚幻境中品尝到"出在放春山遣香洞，又以仙花灵叶上所带宿露而烹"的"千红一窟"。这"千红一窟"茶，是曹雪芹虚构的，脂砚斋批注："千红一窟"乃"千红一哭"也。

5. 古鼎新烹凤髓香

　　《红楼梦》第八回回前诗曰："古鼎新烹凤髓香,那堪翠斝贮琼浆。莫言绮縠无风韵,试看金娃对玉郎。"[8]这首回前诗大意为:古老锅鼎烹煮的凤髓茶异常馨香,更何况金杯玉盏盛出的玉液琼浆。不要说绫罗绸缎般的宝钗无风韵,请看那金银般的女娃如何面对那如玉郎君。"凤髓"是茶,实有之茶,怪好听的名字,并非曹雪芹虚构。"凤髓",是凤凰的骨髓。凤凰是神鸟,无有之物,"龙肝凤髓"表示稀有珍贵之物。明朝谢肇淛《五杂俎·物部三》:"龙肝凤髓,豹胎麟脯,世不可得,徒寓言耳。"

　　凤髓茶,是非常名贵的茶,产于建州建安县。《宋茶名录》中列有一种绿饼茶,名为"青凤髓"。明代黄一正《事物绀珠》:"青凤髓出建安。"清代黄葆真《增补事类统编·饮食部·茶》:"蝉膏、凤髓,分八饼之浓香。"《清异录·茶谱通考》有"建安之青凤髓"的记载。苏轼《水调歌头·尝问大冶乞桃花茶》提到此茶:"老龙团,真凤髓,点将来。兔毫盏里,霎时滋味舌头回。"元代李德载《阳春曲·赠茶肆》有"龙须喷雪浮瓯面,凤髓和云泛盏弦";清代查慎行《和竹垞御茶园歌》有"白龙之团青凤髓"。

　　8 | 斝,音 jiǎ,古代青铜制的酒器;縠,音 hú,有皱纹的纱。

6. 妙玉以梅花雪水烹茶

《红楼梦》第四十一回，贾母在大观园宴席散后，喝了茶，吃了点心，看了回戏，便带着刘姥姥一行到妙玉的栊翠庵来。妙玉很用心地款待贾府至高无上的当家人：亲自烹茶，呈上海棠花式雕漆填金"云龙献寿"小茶盘，以成窑五彩小盖钟盛茶，沏的是颇受贾母喜爱的"老君眉"，沏茶之水更是讲究：用旧年蠲（juān）的雨水。"成窑五彩"，是明朝的"成化斗彩"，曹雪芹改了一下名称。斗彩，始于明代宣德年间，在成化时期最受推崇，瓷质精细，制法奇巧，五彩小件最为贵重。从茶具、泡茶用水来看，这规格够高的了！

贾母要离去时，妙玉悄悄扯了一下宝钗、黛玉的衣襟，二人会意，跟着妙玉到了耳房内。宝玉悄悄跟了来："你们吃体己茶呢！"这的确是非同一般的"体己茶"：给宝钗用的是镌着"瓟斝"三个隶字的茶杯，这茶杯上还有两行小字，一行是"晋王恺珍玩"，另一行是"宋元丰五年四月眉山苏轼见于秘府"，是绝对的超级古董；给黛玉用的是镌着三个垂珠篆字"点犀盉⁹"的茶盏，也是十足的珍玩；给宝玉用的是绿玉斗，他觉得俗，妙玉换了一只九曲十环一百二十节蟠虬整雕竹根的大盏。从茶具来看，够清雅、豪华、珍贵的了。更让人叫绝的是妙玉烹茶所用的水。这样的水，连冰雪聪明的黛玉也想不到，她天真地问："这也是旧年的雨水？"

且看妙玉怎么回答。妙玉笑着说："你这么个人，竟是大

---

9 | 盉，音 qiáo，义同盉，古代酒器。

俗人，连水也尝不出来！这是五年前我在玄墓蟠香寺住着，收的梅花上的雪，共得了那一鬼脸青的花瓮一瓮，总舍不得吃，埋在地下，今年夏天才开了。我只吃过那么一回，这是第二回了。——你怎么尝不出来？隔年蠲的雨水，哪有这样清淳？如何吃得！"

原来刚才用来沏茶招待贾母的陈年雨水，常人看来已经非常难得了，但孤傲高洁的妙玉根本瞧不上眼，这埋藏五年的梅花上的雪水，才是她的珍爱，才可用来款待"体己"姐妹们啊。

7. 女儿茶

《红楼梦》第六十三回，林之孝家的一行人来怡红院查夜，宝玉当时怕积食还没睡，林之孝家的就向袭人等笑着说："该泡些普洱茶吃。"袭人、晴雯二人忙道："泡了一大缸子女儿茶，已经吃过两碗了。大娘也尝一碗，都是现成的。"

这里说的女儿茶，应当是清代的贡茶，属于普洱茶的一种，有消食之效。

女儿茶，植物学中的学名是 Rhamnus davurica，是鼠李科鼠李属下的一种植物，并非茶树。在茶学中，它是一种饮用茶，有两种说法，一种是指普洱茶的一种，由女儿们采摘、烘焙，卖掉攒嫁妆钱，所以叫"女儿茶"，《红楼梦》第六十三回说的当指此茶。另一种说法是指泰山产的青桐芽茶。现在网络百科介绍女儿茶，往往引用这样的传说：相传乾隆皇帝到泰山封禅，要品当地名茶。因泰安并无茶树，官吏们便找来美丽的少女，让她们到泰山深处采来青桐芽，以泰山泉水浸泡，用体温暖热，献给皇帝品尝，名曰女儿茶。

这可能有很大的附会成分。

以青桐芽做成女儿茶，在明代就有了。明代李日华所著的《紫桃轩杂缀》中有记载："泰山无好茗，山中人摘青桐芽点饮，号女儿茶。"明末查志隆等编著的《岱史》云："茶，薄产岩谷间，……山人采青桐芽，号女儿茶。"可见，早在乾隆泰山封禅前两三百年，泰山一带已饮用以青桐芽冲泡的"女儿茶"，只是这个"女儿茶"并不是真正意义上的茶类。

1966 年，泰安开始引种茶树。经过几代人的努力，泰山脚下成功种植茶树，泰安成了我国最北端的茶叶种植基地，当地将这里的茶叫作泰山女儿茶。因产茶区纬度高、光照时间长、昼夜温差大，茶树休眠期长，采摘期短，所产茶叶叶片肥厚坚结，茶色清澈剔透、碧绿娇嫩，用泰山泉水冲泡，味甘醇厚，留香悠长。

8. 茶树移栽皆不活

《镜花缘》第六十至六十一回写燕紫琼引众位小姐来到一处庭院，当中一座亭子，四周都是茶树。那茶树高矮不等，大小不一，一色碧绿，清香袭人。亭子上悬一额，写着"绿香亭"三个大字。

众人坐下，丫鬟仆妇开始忙起来：采茶、洗杯、汲水。很快，"茶烹了上来，众人各取一杯，只见其色比嫩葱还绿，甚觉爱人；及至入口，真是清香沁脾，与平时所吃迥不相同"，个个称赞不绝。

燕紫琼介绍，"这些茶树都是家父自幼种的。家父一生一无所好，就只喜茶。因近时茶叶每每有假，故不惜重费，于各处购求佳种：如巴川峡山大树，亦必赞力盘驳而来。谁知茶树不喜移种，纵移千株，从无一活；所以古人结婚有'下茶'一说，盖取其不可移植之义。当日并不留神，所来移一株，死一株，才知是这缘故。[10] 如今园中惟序十余株，还是家父从前于闽、浙、江南等处觅来上等茶子栽种活的，种类不一，故树有大小不等"。

9．"毒橄榄"

对茶持否定态度的，国内国外都有，但把茶的危害说得如此严重，当数《镜花缘》了。《镜花缘》第六十一回"小才女亭内品茶 老总兵园中留客"中有这样一段描写：燕紫琼在绿香亭与众姐妹品茶，并介绍她父亲燕义撰写的《茶诫》。紫琼说，《茶诫》劝人少饮茶："'除滞消壅，一时之快虽佳；伤精败血，终身之害斯大。获益则功归于茶力，贻患则不为茶灾。'岂非福近易知，祸远难见么？总之，除烦祛腻，世固不可无茶；若嗜好无忌，暗中损人不少。因而家父又比之为'毒橄榄'。盖橄榄初食味颇苦涩，久之方回甘味；茶初食不觉其害，

10 │ 古人认为茶树只能播种，移栽不能活。实际上是当时的技术还较为落后，即使这样，也有移栽成活的。宋万历年间刊刻的《灌园史》就说"旧传茶树不可移，竟有移之而生者"。现代茶树移栽技术已成熟。

久后方受其殃，因此谓之'毒橄榄'。"

燕义这段话，并非他的原创，是小说作者从唐朝人那里搬来的。唐代綦毋旻《代茶饮序》中说："释滞消壅，一日之利暂佳；瘠气耗精，终身之害斯大。获益则归功茶力，贻害则不谓茶灾。"綦毋旻这段话，遭到很多人的驳斥，明代李贽批驳得最有力。他嘲笑綦毋旻：只会宽宥自己，责备他人。

燕紫琼接着说，家父告诫她："多饮不如少饮，少饮不如不饮。况近来真茶渐少，假茶日多；即使真茶，若贪饮无度，早晚不离，到了后来，未有不元气暗伤，精血渐消；或成痰饮，或成痞胀，或成痿痹，或成疝瘕；余如成洞泻，成呕逆，以及腹痛，黄瘦各种内伤，皆茶之为害，而人不知。"

可以说，《镜花缘》中的燕义是毁茶论的集大成者。

10．百草精

明代著名戏剧家汤显祖在其代表作《牡丹亭》中，写杜丽娘之父、太守杜宝下乡劝农。农妇边采茶边唱歌："乘谷雨，采新茶，一旗半枪金缕芽。学士雪炊他，书生困想他，竹烟新瓦。"杜宝听后叹曰："只因天上少茶星，地下先开百草精。闲煞女郎贪斗草，风光不似斗茶清。"杜宝在此将茶称为"百草精"，女子采茶、烹茶比赛，显得异常高雅。

《牡丹亭·劝农》描写了采茶、咏茶、泡茶、敬茶等情节。现录采茶一节：

前腔〔老旦、丑持筐采茶上〕乘谷雨，采新茶，一旗半枪金缕芽。呀，什么官员在此？学士雪炊他，书生困想他，竹烟新瓦。

〔外〕歌的好。说与他，不是邮亭学士，不是阳羡书生，是本府太爷劝农。看你妇女们采桑采茶，胜如采花。有诗为证："只因天上少茶星，地下先开百草精。闲煞女郎贪斗草，风光不似斗茶清。"领了酒，插花去。

〔老旦、丑插花，饮酒介〕〔合〕官里醉流霞，风前笑插花，采茶人俊煞。〔下〕

〔生、末跪介〕禀老爷，众父老茶饭伺候。

〔外〕不消。余花余酒，父老们领去，给散小乡村，也见官府劝农之意。叫祇候们起马。

〔生、末做攀留不许介〕〔起叫介〕村中男妇领了花赏了酒的，都来送太爷。

11.《金瓶梅》中的果肉果仁泡茶

明代长篇白话世情小说《金瓶梅》，是一部反映16世纪中国社会生活的百科全书。《金瓶梅》写了许多饮食类的物事，写茶尤多，几乎每一回都写到茶，提到茶的许多品种、茶的类型、各色茶具等。《金瓶梅》写了多种果肉、果仁茶，现代人已很少这样食茶了。

在《金瓶梅》中，各种果肉、果仁都可泡茶，如胡桃、松子、福仁、蜜饯、盐笋、芝麻、木樨、青豆、瓜仁、咸樱桃、金橙子等，都可放到茶壶中煮，或投入茶杯、茶盏。因此有各种各样的名称，如盐芝麻木樨泡茶、梅桂泼卤瓜仁泡茶、瓜仁栗丝盐笋芝麻玫瑰香茶，等等。第二十回："不多时捧出一盏桂露点的松茶来。"第二十三回:"吃过一杯松仁茶。"第三十四回:"因把手中吃的那盏木樨、芝麻、熏笋泡茶递与他。"第八十二回:"又浓浓点了钟瓜仁泡茶。"第九十一回:"这玉簪儿在厨下炖了一盏好果仁泡茶。"最有意思也最令人费解的是,第七十二回写潘金莲要给西门庆上一盏很特别的茶,这盏茶的名字特别长——芝麻盐笋栗丝瓜仁核桃仁夹春不老海青拿天鹅木樨玫瑰泼卤六安雀舌芽茶。这到底是什么茶?是明代确有这种茶,还是作者"兰陵笑笑生"虚构的?"春不老"是什么?"海青""拿天鹅"或"海青拿天鹅"又是什么?学者们并无定论。

蔡定益先生专门统计了《金瓶梅》各章回中提到的果肉、果仁茶,见表1:

表1 《金瓶梅》果肉、果仁泡茶种类表[11]

种类	出处
福仁泡茶(注:福仁即橄榄仁)	第七回 薛嫂儿说娶孟玉楼,杨姑娘气骂张四舅
蜜饯金橙子泡茶	第七回 薛嫂儿说娶孟玉楼,杨姑娘气骂张四舅
盐笋芝麻木樨泡茶	第十二回 潘金莲私仆受辱,刘理星魇胜贪财
梅桂泼卤瓜仁泡茶	第十五回 佳人笑赏玩登楼,狎客帮嫖丽春院
木樨金灯茶	第二十一回 吴月娘扫雪烹茶,应伯爵替花勾使
蜜饯金橙茶	第三十五回 西门庆挟恨责平安,书童儿妆旦劝狎客
木樨芝麻熏笋泡茶	第三十五回 西门庆挟恨责平安,书童儿妆旦劝狎客
木樨青豆泡茶	第三十五回 西门庆挟恨责平安,书童儿妆旦劝狎客
胡桃夹盐笋泡茶	第三十七回 冯妈妈说嫁韩氏女,西门庆包占王六儿
熏豆子撒的茶	第五十四回 应伯爵郊园会诸友,任医官豪家看病症
咸樱桃茶	第五十四回 应伯爵郊园会诸友,任医官豪家看病症

11 | 蔡定益:《论明代的茶果》,《农业考古》,2015年第5期,第209—213页。

续表

种类	出处
苦艳艳桂花木樨茶	第五十九回　西门庆捧死雪狮子，李瓶儿痛哭官哥儿
八宝青豆木樨泡茶	第六十一回　韩道国筵请西门庆，李瓶儿苦痛宴重阳
瓜仁栗丝盐笋芝麻玫瑰香茶	第六十八回　郑月儿卖俏透密意，玳安殷勤寻文嫂
芝麻盐笋栗丝瓜仁核桃仁夹春不老海青拿天鹅木樨玫瑰泼卤六安雀舌芽茶	第七十二回　王三官拜西门为义父，应伯爵替李铭解冤
土豆泡茶	第七十三回　潘金莲不愤忆吹箫，郁大姐夜唱闹五更
瓜仁泡茶	第八十七回　王婆子贪财受报，武都头杀嫂祭兄

　　在明朝，吃果肉、果仁茶应该相当普遍，其他小说中也有类似的描述。《西游记》："那女子叫：'快献茶来。'又有两个黄衣女童，捧一个红漆丹盘，盘内有六个细瓷茶盂，盂内设几品异果，横担着匙儿，提一把白铁嵌黄铜的茶壶，壶内香茶喷鼻。斟了茶，那女子微露春葱，捧瓷盂先奉三藏，次奉四老，然后一盏，自取而陪。"《喻世明言》："吴山起身，入到里面与金奴母子叙了寒温，将寿童手中果子，身边取出一封银子，说道：'这两包粗果，送与姐姐泡茶。银子三两，权助搬屋之费。'"

　　到了近代，果肉、果仁作为茶点用，与茶水是分开的，并不泡在茶水里。

12.《金瓶梅》中的香茶

　　《金瓶梅》中有不少关于香茶的描写。花花公子西门庆袖中总是藏着香茶，可随时拿出来嚼，或者送给相好的女子。第五十九回，西门庆："我的香茶不放在这里面，只用纸包着。"说着，从袖中取出一包香茶桂花瓶。第五十九回："西门庆嘲问了一回，向袖中取出银穿心、金裹面，盛着香茶木樨饼儿来，用舌尖递送与妇人。"

在第五十二回中，门客应伯爵向西门庆讨香茶吃："头里吃了些蒜，这回倒反恶泛泛起来了。"站在一旁的桂姐也就势到西门庆袖中掏出一些香茶放到自己袖中。第七十二回有一段对话也说到香茶："金莲道：'……你有香茶与我些压压。'西门庆：'香茶在我白绫袄内，你自家拿。'这妇人掏摸了几个放到口中，才罢。"

什么是香茶？且看专家怎么说。上海古籍出版社出版的《金瓶梅鉴赏辞典》对"香茶"的解释为："一种含在口内的香料茶叶制品，可以解口内恶味，类似现在的口香糖。"王利器主编的《金瓶梅词典》："香茶饼，合药与香料茶叶制成，含口中解除恶味，又有媚道之助。"这两本书都说香茶是用茶叶和香料制成。不过，以《金瓶梅》研究见长的明清白话小说研究专家白维国认为香茶中没有茶叶，香茶是"用木樨、茉莉、槟榔、豆蔻、冰片等粉末制成饼状物"，"噙在口中或熏于衣饰，以清新口气体味"（见《金瓶梅词典》《金瓶梅风俗谭》）。

《重订遵生八笺》[12] 载有"香茶饼子"的制作方法："孩儿茶芽茶四钱，檀香一钱二分，白豆蔻一钱半，麝香一分，砂仁五

---

12 | 《遵生八笺》为明代高濂撰述的养生学专著，《重订遵生八笺》是清代弦雪居订正，又称《弦雪居重订遵生八笺》。

钱，沉香一分半，片脑四分，甘草膏和糯米糊搜饼。"这样说来，香茶是茶叶与香料混合制成的。

13.《水浒传》的献茶、拜茶、会茶

《水浒传》展现了一幅多姿多彩的宋代生活画卷，书中有江湖生活、精英生活的细致描绘，也有宋代饮茶的具体描述。有学者统计，《水浒传》中，"茶"字出现在40余回里，共出现了200多次，频次仅次于"酒"。[13]《水浒传》中，茶馆很多，茶馆中茶的品种丰富，饮茶颇讲究礼仪。光是让客人喝茶，就有"吃茶""献茶""拜茶"之区别，还有现在少见的"会茶"之说。

吃茶，即喝茶，古人吃、喝区分并不严格，喝水也叫吃水。

"献茶"，即"上茶"，不过比"上茶"更显得对客人尊重。第一回，洪太尉奉旨到龙虎山宣张天师进京祈禳瘟疫，住持真人答道："容禀：诏敕权供在殿上……且请太尉到方丈献茶。"第三十九回，黄文炳带着礼物去拜见江州知府蔡九，宾主坐下，"左右执事人献茶"。直至"茶罢"，才开始谈事。第八十九回，九天玄女向宋江传授破阵之法后，"特令青衣献茶"。可以看出，献茶是宾主相接的一种礼节，主人为了表示对客人

---

13 | 杜贵晨：《〈水浒传〉茶事考论》，《陕西理工学院学报》（社会科学版），2016年11月第34卷第4期，第1—10页。

的尊敬，把让仆人、婢女或手下工作人员为客人上茶说成献茶，以表示对客人的尊重。主人亲自为客人上茶，也可说成献茶。

"拜茶"，是请人吃茶的最高级的敬语，在《水浒传》中有9回出现过，共用过10次。如第三回："史进忙起身施礼，便道：'官人，请坐拜茶。'"第四回，长老答应收留鲁提辖："这是个缘事，光辉老僧山门。容易，容易！且请拜茶。"第七回，陆虞候来探视林冲，并邀林冲去吃酒解闷，林冲说："少坐拜茶。"第十五回，公孙胜到晁盖家报告生辰纲消息，晁盖道："先生少请，到庄里拜茶如何？"第十八回，何涛当街迎住宋江，叫道："押司，此间请坐拜茶。"第二十六回，何九叔对武松道："小人便去。都头请拜茶。"第七十二回，李师师听说便道："请过寒舍拜茶。"第三回，史进初见鲁提辖，第四回，长老对鲁提辖，为表尊重，都说"拜茶"。第七回，林冲对陆虞候说"拜茶"，也是极表尊重，因陆虞候是高俅的心腹，又是林冲的朋友，林冲对他奉若上宾。

《水浒传》用"献茶""拜茶"表示对客人的尊重，但没有用"敬茶"一词，也许当时还没有这一说法。不过，《水浒传》描写了三次敬茶细节。第一次，潘金莲初识武松，"吃了饭，那女人双手捧一盏茶递与武松吃"。双手捧茶递与客人，是表尊重之意。潘金莲是嫡亲嫂子，不宜对小叔子采用这样的礼仪。因为她有不可告人的目的，便想用此超常理之法博得武松好感。第二次是潘巧云在家中殷勤款待和尚裴如海，"那女人拿起一盏茶来，把帕子去茶盅口边抹一抹，双手递与和尚"。不仅双手递茶，还用新帕子擦一下茶杯口再倒茶，这样的敬茶习俗至今仍在一些地方流行。第三次，李师师在家中接待宋江等人，"奶子奉茶至，李师师亲手与宋江、柴进、戴宗、燕青换盏"。换盏是仆人斟好了第一盏茶，在客人喝茶之前，主人亲手把这盏茶倒入壶中，这叫回壶。回壶后稍微停一停，之后重新为客人倒上一盏茶。这个过程就是换盏。换盏有利于醒茶。醒茶能提升茶叶香气，使茶味道更香甜、纯正。换盏是沏茶技巧，也是敬茶礼仪。李师师是京城名妓，"和今上打得火热"，今上经常光顾。她亲自为宋江等人换盏，这礼遇是够高的了。

"会茶"，在《水浒传》中出现一次，很特别，如今似已无此说法。第一百一十回，宋江等梁山人马被招安，得胜回东京"献俘"，朝廷不许进城。燕青、李逵进城到小茶肆打探消息，对桌有个老者想与他们说闲话，"便请会茶"。老者道："客人原来不知，如今江南草寇方腊反了，占了八州二十五县……朝廷已差下张招讨、刘都督去剿捕。"燕青、李逵回到军营中报知军师吴用……

"会茶"是指一起吃茶，特别是三人以上、不相识的茶客聚在一起聊天喝茶。"会茶"还是传递消息的方式。看来，《水浒传》中这位老者是有意向宋江军队传递朝廷下诏讨伐方腊的消息。传递这消息，起到了很好的作用，既解除了宋江屯兵京城的隐忧，又可快速剿灭方腊。

14.《水浒传》中的茶博士

《水浒传》至少15次提到茶博士。第三回，史进来到渭州，见一个小小茶坊，便走进去，拣一副座位坐了。茶博士问道："客官吃甚茶？"史进道："吃个泡茶。"茶博士点了个泡茶，放在史进面前。史进问道："这里经略府在何处？"茶博士道："只在前面便是。"

第七十二回，宋江等人扮作闲凉官，进入京城打探消息。宋江进入一家茶坊吃茶，问茶博士："前面角妓是谁家？"茶博士道："这是东京上厅行首，唤作李师师。"宋江道："莫不是和今上打得热的。"茶博士道："不可高声，耳目觉近。"

从前述引文来看，茶博士就是茶坊、茶馆里侍候客人喝茶的店小二。《水浒传》为什么把茶坊里的店小二称为茶博士呢？

"博士"一词，最早见于战国时期。《史记·秦始皇本纪》："博士齐人淳于越"奏请秦始皇"师古"，由此引发"焚书坑儒"的灾祸。淳于越是秦国的博士，博士是个官职。不仅秦国，鲁国也有博士职位。《史记》记载：公仪休者，鲁博士也，以高第为鲁相。"高第"是指考试成绩优异，名列前茅。鲁国拥有博士官职的公仪休，因考试第一，成为鲁国宰相。

"博者，通博古今；士者，辩于然否。"——按这一解释，博士是博学善辩之人。汉代以后，大体上继承了秦国的制度，继续设立博士职位，不过也有变化：除博学者外，精通某一门知识，也可称博士。后世有"五经博士""律学博士""医学博士""算学博士""书法博士"等。

"茶博士"一词，最早出现于唐代的笔记小说集《封氏闻见记》。该书记载了御史大夫李季卿到江南视察，先后请精于烹茶的伯熊和陆羽去为他煎茶之事。伯熊穿着考究，一本正经地为李季卿煎茶；陆羽则乡村野夫般打扮去为李季卿煎茶。李季卿不悦，心里鄙视陆羽。茶毕，李季卿"命奴子取钱三十文酬煎茶博士"。那时，三十文是很少的钱。耿介之士陆羽，心里虽鄙视李季卿，但表面上毫不在乎，他取了钱，蹦跳着离开了。

宋以后，将茶坊里的店小二称为茶博士，算是对店小二们精通一术的尊称了。从宋、明茶坊到今天的四川茶馆，店小二们沏茶绝活也的确令人叹为观止。他们胳膊上能搁一摞盖碗，手提长嘴的铜开水壶，"唰——"一声能整齐地把茶碗搁到客人面前；距离两尺远能准确地把开水注入茶碗，而且滴水不外泄；长嘴壶远距离冲茶还能"凤凰三点头"，以此特殊礼仪表示对客人的尊重。

至今，在一些地方、一些文学作品中，仍有将茶馆店小二称为茶博士的。

15．郭铁笔茶馆调解纠纷

跟《金瓶梅》相似，《儒林外史》贯穿了各种茶事，全书56回，30万字，在45回里的290多处提到茶。书中有文人墨客在一壶茶中谈文论诗，有宦官政客在一杯茶中寒暄客气，有市井平民在一碗茶里话家长里短，更有刻字匠郭铁笔在一壶茶里调解纠纷——这大概是我国文学作品中最早对茶馆调解的描述了。

芜湖城有座吉祥寺，寺门口有一家刻字店。店主刻得一手好图章，在芜湖城里颇有名气，人称郭铁笔。一日，郭铁笔路过县衙门口，看到三个人在影壁前推来搡去、你拉我扯。这三人，他都认识。两个中年人，是在浮桥南首大街上开米店的两兄弟，兄叫卜诚，弟叫卜信。那个年轻的，前些日子曾来找郭铁笔刻过图章，自称"牛浦"，号"布衣"。既是认识的人，怎么在这里扭打？郭铁笔走过去问问缘由。卜诚对他说道："郭先生，自古'一斗米养个恩人，一石米养个仇人'！这是我们养他的不是了。"原来，那个"牛布衣"是卜诚、卜信的外甥女婿，卜诚、卜信叫他牛浦郎。牛浦郎两口子结婚不到一年，牛老爷爷死了，为办丧事，牛浦郎卖掉了房子，不得不在卜家借住。这天上午，一位姓董的老爷来卜家拜访牛浦郎。送走董老爷后，牛浦郎责怪卜信上茶时不懂礼数，卜信本来就对牛浦郎当着董老爷的面给自己难堪非常气愤，这下两人就争吵起来。卜诚则帮着弟弟，三人越吵越生气，便扭扯着来告官，正巧县官大人这时候不升堂。他们便在县衙前推搡，等待县官来断案。

郭铁笔听了，说是牛浦郎不对，但又说他们是至亲，劝他们别去见官。郭铁笔将他们三人拉到旁边的一个茶馆，要了一壶茶，慢慢地劝解他们。一杯茶喝下，卜家兄弟冷静下来，不再要求去县衙了，但提出了很实际的问题：自从我家老爹去世，我们人口多，很难再白白养活你们夫妻两个。你媳妇是我们的外甥女，我们自会养她，至于你，就需要自己想办法了，找个活儿干，总不能这么一直在我们家住着吧？

牛浦郎本就理亏，也想争口气，当即就说：没问题啊，今晚我就搬出去。

郭铁笔的调解成功了。当即喝完这壶茶，付了茶钱，各自告辞离去。

这段描写，在《儒林外史》第二十二回之中。几个月前，那个牛浦郎曾到郭铁笔的刻字店，让他刻两方印章，一方为"牛浦之印"，另一方为"布衣"二字。因为城外甘露庵中曾住着一位号称牛布衣的儒者，很有名气，可郭铁笔未曾见过。那一日，这个自称牛浦的年轻人要刻"布衣"印章，说"布衣"是他的"贱字"。郭铁笔曾惊异大有学问和名气的牛布衣居然那么年轻。当时就有些怀疑，今日算是解疑了：这牛浦郎不过冒名"牛布衣"罢了。但是，郭铁笔并不打算揭露他。

16. 茶"三合其美"

清末文学家刘鹗《老残游记》第九回"一客吟诗负手面壁三人品茗促膝谈心"，有一段茶、水、柴的评论，极精彩。现录如下：

话言未了，苍头（此处指老者——引注）送上茶来，是两个旧瓷茶碗，淡绿色的茶，才放在桌上，清香已经扑鼻……子平连声诺诺，却端起茶碗，呷了一口，觉得清爽异常，咽下喉去，觉得一直清到胃脘里，那舌根左右，津液汩汩价翻上来，又香又甜，连喝两口，似乎那香气又从口中反窜到鼻子上去，说不出来的好受。问道："这是什么茶叶？为何这么好吃？"女子道："茶叶也无甚出奇，不过本山上出的野茶，所以味是厚的。却亏了这水，是汲的东山顶上的泉。泉水的味，愈高愈美。又是用松花作柴，沙瓶煎的。三合其美，所以好了。尊处（相当于'您家'——引注）吃的都是外间卖的茶叶，无非种茶，其味必薄；又加以水火俱不得法，味道自然差的。"子平即申子平，女子即仲屿，长辈们叫她屿姑，是申子平投宿那一家的姑娘。子平品出茶味非同一般，屿姑解释这茶是山里的野茶，煎茶用的水是东山山顶的泉水，山越高泉水越美。煎茶的柴火是上好的松木，茶、水、火都是最佳的，成绝配，三美齐聚，茶味便无以复加。刘鹗在此对茶、水、火作了绝妙的阐释。

17．喝不到茶蹭闻茶香

小说《茶人三部曲》第一部《南方有嘉木》第五章写忘忧茶庄的老板杭天醉送给赵老爷子一罐绝顶好茶。杭天醉在赵家会客厅，关上门窗，打开茶罐，一股特有香气弥漫开来。"是什么香？兰花香？豆茶香？怎么还有一股乳气，好闻，好闻！"赵老爷子的儿子赵寄客使劲翕动鼻翼，说："无怪国破家亡之后，张宗子喝不到茶了，便到茶铺门口去闻茶香。我原来以为是这明末遗老遗少的迂腐，今日才知茶香如此勾人，说不定哪一日，我也会去找个地方，专闻那茶香呢！"

这段逸闻，不知出自何处。不过，《茶人三部曲》作者王旭烽对茶颇有研究，想必有所依托。

这个张宗子就是张岱。张岱，字宗子，明末清初文化名人。本书"张岱精辨茶水"条目，介绍过他与闵汶水的故事。

张岱，出身于书香门第、官宦家庭，家学渊源深厚，他的高祖、曾祖、祖父、父亲，四代为官，到了他，不考科举，不想做官，终身为布衣。他早年生活优裕，优哉游哉，纨绔子弟一枚。不过他读书挺勤奋，从小认真读书，读了40年，读的书不止 3 万卷。[14] 他博学多艺，兴趣广泛，能诗善文，精通戏曲，有极高的古董鉴赏水平，深谙园林布置之法，著作等身。他嗜茶如命，当时的超级大茶师闵汶水认为他对茶的鉴赏辨别水平无人能及。他后半生穷困潦倒，常常断炊。凭他对茶的嗜好，落魄之时，到茶铺外蹭闻茶香，是有可能的。

明亡之后，张岱避居山野，专心写作，成果累累。《陶庵梦忆》（张岱号陶庵）记他亲身经历的各类事，有评论认为它是明代社会生活的风俗画卷，是江浙一带一幅绝妙的《清明上河图》；《西湖梦寻》是一部风格清新的小品散文；《夜航船》有如包罗万象的百科全书；此外还有《石匮书》《张氏家谱》《义烈传》《琅嬛文集》《明易》《大易用》《史阙》《四书遇》《梦忆》《说铃》《昌谷解》《快园道古》《傒囊十集》《一卷冰雪文》等，仅史学著作就有十余种。

张岱生于 1597 年，活到 80 多岁，这在那时是很高寿了。

延伸阅读

自为墓志铭（节录）

张岱

蜀人张岱，陶庵其号也。少为纨绔子弟，极爱繁华，好精舍，好美婢，好娈童，好鲜衣，好美食，好骏马，好华灯，好烟火，好梨园，好鼓吹，好古董，好花鸟，兼以茶淫橘虐，书蠹诗魔，劳碌半生，皆成梦幻。年至五十，国破家亡，避迹山

---

14 | 张岱自称："自垂髫聚书四十年，不下三万卷。"

居，所存者破床碎几，折鼎病琴，与残书数帙，缺砚一方而已。布衣蔬食，常至断炊。回首二十年前，真如隔世。

18. 喊茶钱

新中国成立以前，四川茶馆中流行"喊茶钱"。当某人走进茶馆，在茶馆里的朋友或熟人会站起来对堂倌喊："某先生的茶钱我付了！"这便是"喊茶钱"。喊声可能来自茶馆的各个角落，此起彼伏，也可能刚进入茶馆的人喊着为茶馆里的朋友、熟人付茶钱。被请喝茶的人一般会笑着回答："换过。"意思是另外换一碗新茶。不过这经常是做做姿态，很少真的另换一碗新茶，有时真的换了茶，客人必须马上离开。也有的人会揭开盖子喝一口，以示感谢，这被称为"揭盖子"。

作家李劼人1936年出版的长篇小说《暴风雨前》，有成都茶馆"喊茶钱"的场景：吴金廷付了茶钱，正要说什么，看到两个熟悉的年轻人走进"第一楼"茶馆，他连忙把脸掉开去，装作没看见。过了好一会儿，他才拿眼向那两人的坐处一望，忽摆着一脸的笑，半抬身子，打招呼："才来吗？……这里拿茶钱去！"捏了一手的钱，连连向堂倌高挥着。

那年轻人，跟吴金廷打招呼，也那样向堂倌吩咐："那桌的茶钱这里拿去！"

堂倌知道双方都不过装样子，并未去收任何一方的钱，他打着惯熟的高调子喊："两边都道谢了！"堂倌非常得体地按照双方都期望的方式，妥善地做了处理。

"喊茶钱"，很多时候已经成为一种礼仪，只要把姿态做了就行，是否需要对方为自己付茶钱，或者自己为对方付茶钱，都已经不重要了。

19．吃讲茶

杭天醉的忘忧茶庄开张的第一天，便"吃讲茶"，这是出人意料的。王旭烽《茶人三部曲》之一《南方有嘉木》讲了这个故事。

书中说："所谓吃讲茶，本是旧时汉族人解决民间纠纷的一种方式，流行在江浙一带。凡乡间或街坊中谁家发生房屋、土地、水利、山林、婚姻等民事纠纷，双方都认为不值得到衙门去打官司，便约定时间一道去茶馆评议解决，这便叫'吃讲茶'。"

"吃讲茶，也是有约定俗成的规矩的，先得按茶馆里在座人数，不论认识与否，各给冲茶一碗，并由双方分别奉茶。接着由双方分别向茶客陈述纠纷的前因后果，表明各自的态度，让茶客评议。最后，由坐马头（靠近门口的那张桌子）的公道人——一般由辈分较大、办事公道、向有声望的人，根据茶客评议，作出谁是谁非的判断。结论一下，大家表示赞成，就算了事。这时，亏理而败诉的一方，便得负责付清在座茶客所有当场的茶资，谁也不能违反。"

这一次，是卖茶人吃讲茶了，而且是在自己的茶馆里吃茶。杭州500多家茶馆从来没有开张第一天就吃讲茶的，因为讲茶吃到后来，没有不动口动手的，吵爹骂娘之后，约请的打手会上阵，既然讲不成，掀桌踢凳，来个全武行，伤人流血也是常有的事。杭天醉、吴茶清决定在自己的忘忧茶庄开张的第一天就吃讲茶，这很不一般。

杭天醉刚接手忘忧茶行没几天，便内外交困。这一年，东洋人和西洋人在几个买办的引导下，一家茶行一家茶行看货，联手压价，国内的买家看洋人压价，也跟着压价。茶叶这东西，不及时出手，越压越卖不出钱。各茶行都忍痛低价出货。整个杭州，茶价下跌，茶行不敢收货，茶农卖不出茶叶。只有吴茶清主事的忘忧茶行仍在继续收购茶叶。此时，忘忧茶行的股东们担心茶叶砸在手上，纷纷找大股东杭天醉，希望能够降价，尽快卖出去。

如何解决这个纠纷？忘忧茶行的管家吴茶清主张吃讲茶。地点就选在刚开张的忘忧茶庄，请德高望重的赵大夫赵岐黄坐马头。那天，众小股东坐在茶馆的一边，大股东杭天醉和吴茶清坐在另一边。小股东人多势众，七嘴八舌，要求降价快销，大股东却一言不发。赵岐黄经常坐马头，每次双方都述说理由，争论不休，从未见到这种冷场的讲茶，只好点着名问吴茶清、杭天醉什么意见。吴茶清冷冷地说，退股吧。有的小股东看杭州茶行德高望重的吴茶清如此坚定，开始犹豫了。杭天醉占六成股份，要求当即数钱退股。这次吃讲茶，很快就吃完了。当然，吃讲茶的钱由大股东杭天醉付了。

杭天醉和吴茶清之所以有底气不降价，迅速退股付钱；因为他们想到了一个新招，通过邮寄把茶叶卖出去，最终非常成功。

延伸阅读

《袍哥》[15]中的吃讲茶

所谓"吃讲茶",是人们在茶馆中解决纠纷的一种民间流行的方法。人们之间有了冲突,一般不是先上法庭,而是到茶馆评理和调解,这样茶馆成为一个解决纠纷之地。一般的程序是:冲突双方邀请一位地方上有声望的中人进行调解,双方先陈述自己的理由,然后中人进行裁判。

《在其香居茶馆里》[16]的吃讲茶

回龙镇的幺吵吵,二儿子四次征兵役都缓征,而且分文不付。原县长因征兵不力,调离了。新来的县长扬言整顿"役政"。联保主任方治国借机告了幺吵吵一状,他的二儿子前天被抓走了。幺吵吵就到其香居茶馆吃讲茶。他见方治国已在茶馆,便借机不指名地谩骂方治国。方治国被骂急了,出来赔笑脸,叫幺吵吵"邢表叔"。幺吵吵咆哮着揭露方治国吃贿赂,不讲情面告发他二儿子。方治国不承认。这时,被请来作中人的陈新老爷出场了,听了双方的陈述,陈新老爷将邢幺吵吵叫到一边,说了他的主意。邢同意。陈新老爷便说:人由方治国想办法弄出来,钱由邢老爷出,邢老爷的大哥邢大老爷会帮忙

15 | 王笛:《袍哥——1940年代川西乡村的暴力与秩序》,北京大学出版社,2018年11月版。

16 | 四川乡土作家沙汀的短篇小说,于1940年出版。

的。但方治国不认可这办法。谈不成就开打，邢老爷和他请来的打手一齐上，方治国挂彩了。正在这时，邢么吵吵安排去打听消息的来报信了：二儿子已经放出来。邢大老爷请客，县长早早就到了。昨天新兵点名，邢的二儿子报错数，队长说，连数都报错，没有资格打国仗，把他除名了。

20．"先吃了咸茶，再说话"

王旭烽《茶人三部曲》第一部《南方有嘉木》有这么一段：长兴人沈拂影虽作为丝绸商在沪上商界占一席之地，对庶出的女儿沈绿爱的婚嫁之事却听凭了留守老家的三姨太的安排。客人林藕初在沈府客厅刚刚坐定，主人用毛竹烧燃的铜壶已经响开了水，鱼眼之后的蟹眼在水面上冒翻着，林藕初的眼前列列排排，堆满了一桌子的作料。有橙皮、野芝麻、烘青豆、黄豆瓣、黄豆芽、豆腐干、酱瓜、花生米、橄榄、腌桂花、风菱、荸荠、笋干，切得密密细细，端的柳绿花红。三姨太亲自取了茶叶，又配以作料，高举了茶壶，凤凰三点头，冲水七分，留三分人情在。又将茶盘捧至堂前，送予林藕初一干人，嘴里说着："吃茶，吃茶，这是南浔的熏青豆与'十里香'，你看碧绿。我们德清三合人的规矩，客人来了，先吃了咸茶，再说话。"

21．叶子自制莲花茶

王旭烽《茶人三部曲》之一《南方有嘉木》第二十二章：

杭嘉和、杭嘉平与叶子到西湖游玩。"叶子把一小包装了茶叶的白纱袋放进了（荷花）花蕊，又用一根细绳把花瓣轻轻缚拢了。""嘉和与叶子醒来，便到湖边去解开荷花瓣，取出茶叶。"叶子安安静静地说："为什么要把茶叶放到荷花中去呢？大哥儿？"嘉和："茶性易染啊。荷香染到茶香上，我们就能喝花茶了。"

延伸阅读

古人制作莲花茶

　　莲花茶：于日未出时，将半含莲花拨开，放细茶一撮纳满蕊中，以麻皮略絷，令其经宿。次早摘花，倾出茶叶，用建纸包茶焙干。再如前法，又将茶叶入别蕊中，如此数次，取其焙干收用。

——（明）钱椿年辑《茶谱》

22. 山客、水客、行倌

　　《茶人三部曲》有"山客""水客"[17]"行倌"等名词。

　　杭州地处杭嘉湖平原，水陆交通发达，盛产"龙井"名茶，又连接着周边数省，逐渐成为苏、浙、闽、皖等茶叶主产区的集散中心，大小茶行林立，南北茶商云集，形成巨大的茶

---

17 | 其他行业也有"山客""水客"之说，如木材市场，卖方称"山客"，买方称"水客"。

叶交易市场。那些从茶农手中收购毛茶（未经加工）的客商、自产自销的茶农，因从山区来，故称"山客"，而外地客商，特别北方来的客商，多乘船而来，又假钱塘江、大运河舟楫之便运输茶叶，故称"水客"。

"所谓行倌，便是评茶人，也就是评定茶叶品质高低的行家。"这是王旭烽《茶人三部曲》对"行倌"的解释。《茶人三部曲》第一部《南方有嘉木》中，大佬级的行倌是忘忧茶行的吴茶清。吴茶清去世后，他的跟班吴升自立门户后也成了行倌。《南方有嘉木》第二十一章说："吴升，现在已经是候潮门一带茶行中屈指可数的后起之秀，老板兼行倌了。"

行倌忌吸烟喝酒，不能吃辛辣腥气的东西，更不用香水化妆品，他们能够辨别出千分之一浓度的味精，能够嗅出百万分之几的香气的浓度。行倌要用所有感官评茶：用手翻动茶叶，凭触觉、听觉感知茶的老嫩、轻重，以及水分含量的多少；用眼睛"看茶"，观察干茶的形状、色泽，开汤后汤色的明暗清浊和叶底的嫩度整碎；"闻茶品茶"，用嗅觉和味觉感受茶的香味。

旧时的茶行以代客买卖为主，新茶上市，山客便携茶样到茶行，让行倌看看是什么等级、能卖什么价。行倌定个数，征得买卖双方同意，就成交挂牌。挂牌之后，山客将茶运到茶行，与样茶比对，符合要求，才能过秤成交。

茶行和行倌，除了获得百分之二至百分之五的佣金外，还有"扣样"。"扣样"是行倌评茶后留下的样茶，它根据交易量按一定比例留下样茶给茶行。《南方有嘉木》中说，当时杭州的"公顺茶行"，每年光样茶就有一百多担。

23．胡雪岩会摆"茶碗阵"

台湾作家高阳的长篇小说《胡雪岩全传》第一部第九章有这样一段描写：

郁四在斟茶时，用茶和茶杯摆出一个姿势，这是在询问，胡雪岩是不是"门槛里的"？如果木然不觉，便是"空子"，否则就会照样用手势作答，名为"茶碗阵"。

"茶碗阵"，胡雪岩也会摆，只是既为"空子"，便无须乎此。但郁四已摆出点子来，再假装不懂，事后发觉便有"装佯吃相"之嫌。他在想，溜帮的规矩，原有"准充不准赖"这一条，这个"赖"字，在此时来说，不是身在门槛中不肯承认，是自己原懂漕帮的规矩，虽为"空子"，而其实等于一条线上的弟兄，这一点关系，要交代清楚。

于是他想了想，问道："郁四哥，我跟你打听一个人，想来你一定认识。"

"喔，哪一位？"

"松江的尤五哥。"

"原来你跟尤老五是朋友？"郁四脸有惊异之色，"你们怎么称呼？"

"我跟尤五哥就像跟你郁四哥一样，一见如故。"这表明他是"空子"，接着又回答郁四的那一问："尤五哥客气，叫我'爷叔'，实在不敢当。因为我跟魏老太爷认识在先，尤五哥敬重他老人家，当我是魏老太爷的朋友，自己把自己矮了一辈，其实跟弟兄一样。"

这一交代，郁四完全明白，难得"空子"中有这样"落门落槛"的朋友，真是难得！

"照这样说，大家都是自己人，不过，你老是王大老爷的贵客，我实在高攀了。"

……

在这里，胡雪岩巧妙地回答了郁四的问题，他虽是"空子"，但熟悉"门槛里的事"，跟"门槛里的人"也是朋友。

文中说的"漕帮"，是因漕运而形成的帮会组织。漕帮就是后来影响很大的青帮。

茶碗阵，是利用茶碗（杯）、茶壶摆出的图像、阵式（分布阵和破阵），它是帮会成员之间互通信息的一种暗语，一般配以饮茶诗（又称谣诀）。除了漕帮，茶碗阵在袍哥[18]中也非常流行。

茶碗阵千变万化，《洪门志》一书列举了40多种布阵方式和破阵方法，这并非茶碗阵的全部。布阵是利用茶碗，摆出一定的阵式，有的阵式需要茶壶配合，有的阵式与斟茶的多少有关。破阵方法是按照约定的方式饮茶，吟饮茶诗。如：

"木杨阵"布阵：茶杯两只，一在盘内，一在盘外。破阵：须将盘外之茶移至盘内，并捧杯相请，并吟诗："木杨城里是乾坤，结义全凭一点洪。今日义兄来考问，莫把洪英当外人。"

"双龙阵"布阵：两杯相对。破阵者吟诗："双龙戏水喜洋洋，好比韩信访张良。今日兄弟来相会，暂把此茶作商量。"

"单鞭阵"布阵：一杯茶对一茶壶。一个袍哥（帮会成员）

18 | 哥老会是活跃于清朝及民国时期的民间秘密结社，在四川、重庆称为袍哥。

到异地寻求援助，他会摆出单鞭阵。破阵：如果能助一臂之力，则饮杯中茶；如果不能帮助则把茶倒掉，再斟上茶喝掉，同时吟诗"单刀独马走天涯，受尽尘埃到此来。变化金龙逢太吉，保主登基坐禅台"。

谣诀（饮茶诗），多含反清复明的意思。如"忠义阵"（桃园茶）布阵：三个茶杯，一满一半一空。破阵：来访者应将那半杯茶喝掉，并吟诗："我也不就干，我亦不就满。我本心中汉，持起饮杯盏。""五魁阵"谣诀："反斗穷原盖旧时，清人强占我京畿。复回天下尊师顺，明月中兴起义人。""一龙阵"谣诀："一朵莲花在盆中，端记莲花洗牙唇。一口吞下大清国，吐出青烟万丈虹。"

摆茶碗阵，是袍哥"认组织"、寻求帮助、沟通联络的暗语，在外地袍哥与本地袍哥联络中使用非常普遍。他们不使用"介绍信"，只用这样的暗语联络、确认。四川的许多茶馆都是袍哥的码头，外来袍哥总会到茶馆拜码头。他们走进茶馆，怎么坐，怎么拿茶杯，都有讲究。茶馆里的店小二，大多是袍哥的基层成员，他一看来人就知是不是袍哥、要不要告诉袍哥管事。袍哥管事到来后，双方还是通过茶碗阵进行交流。外地袍哥如果是来找事（寻求帮助）的，他会摆出"斗争阵"：用茶壶嘴对着排成一排的三个斟满茶的茶杯，意思是我想找事，有争斗。袍哥管事如果答应帮助，那就三杯茶都喝了；如果不答应，那就取中间一杯喝了。

延伸阅读

茶碗阵

　　《洪门志》一书列出40余种"茶碗阵"：单鞭阵、顺逆阵、双龙争玉阵、上下阵、忠义阵、斗争阵、品字阵、关公荆州阵、刘秀过关阵、忠臣阵、四隅阵、英雄入栅阵、赵云加盟阵、贫困箪篱阵、孔明登楼令将阵、关公护送二嫂阵、患难相扶阵、复明阵、反清阵、赵云救阿斗阵、五虎将军阵、古八阵、苏秦相六国阵、六子守三关阵、七神女下降阵、七星剑阵、下字阵、太阴阵、仁义阵、桃园阵、四平八稳阵、五瓣梅花阵、六顺阵、七星阵、一龙阵、双龙阵、龙宫阵、生尅阵、六国阵、宝剑阵、梅花阵、梁山阵等。

24．严亮祖家三道茶

　　宗璞《东藏记》写滇军军长严亮祖在妻子吕素初生日那天，在昆明的家里，招待妻子的二妹三妹两家人。严亮祖是滇军嫡系部队中的一员猛将，在台儿庄战役中因指挥得当，作战勇猛，立有战功，但在武汉保卫战中因大有闪失，被调回昆明休整，等候安排或处置。此时，在北京当教授的三妹夫孟樾随校迁至昆明，在重庆做官的二妹夫澹台勉来昆明办事。在兵荒马乱的时代，三家人难得一聚，严亮祖便趁妻子生日将两家人请来。严亮祖是大理彝族人，宴席前先上三道茶。大理白族三道茶很有名，严亮祖的三道茶与白族三道茶不甚相同。且看严亮祖家的"三道茶"：

"照我们小地方的规矩，来至亲贵客要上三道茶。头一道是米花茶。"亮祖说话底气很足，使得献茶似更隆重。大家揭去盖子，见一层炒米漂在水面，水有些甜味。孩子们嚼那炒米，觉得很好吃。

……

这时护兵上来换了茶杯，这次是红色盖碗，碗中有沱茶蜜枣和姜片。孩子们喝不来，转到屏风后。

……

这时护兵来献第三道茶，这是一道甜食，莲子百合汤。用的是金色小碗，放有调羹。

可见，这与"头苦、二甜、三回味"的白族三道茶不甚相同。

25.《茶迷贵妇人》

1701年，荷兰首都阿姆斯特丹上演了一部戏剧《茶迷贵妇人》。荷兰是欧洲最早饮茶的国家，中国茶作为最珍贵的礼品首先输入荷兰。当时由于茶价昂贵，只有荷兰贵族和东印度公司的达官贵人才能享用。到1637年，许多富商家庭也参照中国的富豪，在家庭中布置专用茶室，进口中国名贵茶叶、茶具，邀请至爱亲朋欢聚品饮。许多贵妇人以拥有名茶为荣，以家有高雅茶室为时髦。后来，随着茶叶输入量的增多，饮茶风尚逐渐普及到民间。街头巷尾，除啤酒店、咖啡馆外也有了茶室茶馆，妇女们纷纷到茶馆饮茶，还自发组织饮茶俱乐部，召集茶会。妇女们以茶会友，品茶论茗，优哉游哉，社交活动大量增加，越来越疏于治家，丈夫为之愤然，进而酗酒，导致夫妻不和、矛盾不断。此时，社会上一些人一度攻击饮茶，有医生从医学角度阐述茶对人体有害，还有一部分人相信茶会诱发女性的冲动。《茶迷贵妇人》正是在这种情况下上演的。

这是一部劝诫人们特别是妇女少喝茶的喜剧。它描绘了一位贵妇人沉迷喝茶，整天陶醉在喝茶的交际活动中，弃家不管，最终落得家庭毁灭的下场。

这部戏很受欢迎，连演几十年，风靡欧洲半个世纪，它实际上对饮茶起到了很大的推动作用。随着《茶迷贵妇人》的连续演出，午后红茶开始融入欧洲人的日常生活。

26. 第一首英文茶诗

1663 年，在英国皇后凯瑟琳 25 岁生日宴亦即结婚周年纪念日上，英国诗人埃德蒙·沃勒（Edmund Waller）朗诵了他的赞美诗《论茶》（又译《饮茶皇后之歌》），献给皇后凯瑟琳。以下为这首诗的译文：

饮茶皇后之歌

［英］埃德蒙·沃勒

花神宠秋色，嫦娥矜月桂。

月桂与秋色，美难与茶比。

一为后中英，一为群芳最。

物阜称东土，携来感勇士。

助我清明思，湛然祛烦累。

欣逢后诞辰，祝寿介以此。

延伸阅读

饮茶皇后之歌（英文）

On Tea

Edmund Waller

Venus her Myrtle, Phoebus has his bays;

Tea both excels, which she vouchsafes to praise,

The best of Queens, and best of herbs, we owe

To that bold nation, which the way did show

To the fair region where the sun doth rise,

Whose rich productions we so justly prize.

The Muse's friend, tea does our fancy aid,

Repress those vapors which the head invade.

And keep the palace of the soul serene,

Fit on her birthday to salute the Queen.

饮茶皇后之歌[19]（古文版）

月神有月桂兮，爱神则为桃金娘；

卓越彼二木兮，我后允嘉茶为臧。

19 | 译诗刊于20世纪40年代《茶刊》，转引自凯亚《略说西方第一首茶诗及其他——〈饮茶皇后之歌〉读后》，载《中国茶叶》1999年第4期。

> 启厥路以向日出之乐土兮，宝藏信若吾人之所是；
> 赖彼勇毅之国民兮，吾奉众后之圣，获众卉之王。
> 诗思之友使我若神助兮，曷彼侵轶疾之诞妄。
> 美绿灵府之淡静兮，宜祝我后之万寿无疆。

27. "中国的泪水"

法国作家安·莫洛亚在其作品《拜伦传》中，多次提及英国诗人拜伦对茶的狂热喜好。没有牛肉，没有啤酒，他会哀叹；没有茶，是导致他烦恼的灾难。拜伦将茶视作比生活必需品牛肉和啤酒更为重要之物。《拜伦传》写拜伦即使到希腊参加武装斗争，也保持着饮茶的习惯："他早上一起床就开始工作，然后喝一杯红茶，骑马出去办事。回来后，吃一些干酪和果品。晚上挑灯读书。"拜伦称茶为"中国的泪水"，他"为中国之泪水——绿茶女神所感动"。

拜伦最著名的诗作《唐璜》多次写到茶，其中一处就将茶视为眼泪：

> 我竟然
> 伤感起来，这都怪中国的绿茶
> 那泪之仙女，她比起女亚卡珊德拉
> 还要灵验，因为只要我喝了它
> 三杯纯汁，我的心就易于兴叹
> 于是又得求助这武夷的红茶
> 真可惜饮酒既已有害于人身
> 而喝茶和咖啡又会使人太认真

《唐璜》提到缪斯女神时，认为她需要饮茶来振奋精神：

> 恐怕我的缪斯会不免
>
> 比人所抱怨于她的更加啰唆
>
> 但她虽然爱享乐，我却必须指出：
>
> 口腹之娱却不是她的大罪过；
>
> 这故事确实也需要端些茶点，
>
> 好给人提提神，以免她会太疲倦。

延伸阅读

顽固不化的茶鬼

18世纪英国文坛泰斗塞缪尔·约翰逊（Samuel Johnson）以爱茶而闻名，他家的热水壶从来没有冷过，他每天至少要喝20～40杯茶。他认为茶叶是"思考和谈话的润滑剂"，曾自称是"与茶为伴欢娱黄昏，与茶为伴抚慰良宵，与茶为伴迎接晨曦，典型顽固不化的茶鬼"。

塞缪尔·约翰逊与著名画家雷诺尔兹（Reynolds）于1763年创办了以茶会友的"约翰逊俱乐部"，这里成为社会名流、文豪、诗人品茶聚会的地方，当时亚当密斯·白克（Edmund Burke）等都是会员。

28. 众神的甘露

英国诗人彼得·莫妥（Peter Motteux）1712年发表长诗《赞茶诗》（*A Poem in Praise of Tea*），描述奥林匹斯山上众神之间的一场辩论，辩论的主题是酒和茶哪个好。经过茶方和酒方激烈辩论，最终证明，酒越喝伤害越大，而茶越喝越健康、快乐。酒用毁灭性的气体征服了人类，而茶叶帮助人类战胜了酒，征服了酒。酒使人的头脑发热，而茶叶只带来光明，却没有火焰。以下为其中一段：

> 欢迎！生命之饮！我们的七弦琴
>
> 多么公正地回响着你的力量激起的赞颂！
>
> 你独自的魅力比得上鼓舞的思想：
>
> 你是我的主旨，我的甘露，我的缪斯。
>
> 茶，天堂般的快乐，自然界最真实的财富，
>
> 令人愉悦的妙药，必定是健康的保证
>
> 政治家的顾问，少女的初恋，
>
> 缪斯的甘露，朱庇特的饮料
>
> 朱庇特说，不要震动，不朽的众神们，听好，
>
> 茶必定会战胜葡萄酒犹如和平必将战胜战争，
>
> 不是让葡萄酒激化人类的矛盾，
>
> 而是共同饮茶，那是众神的甘露。

延伸阅读

《灵丹妙药：茶诗两篇》的作者

1692 年被授予英国桂冠诗人称号的纳厄姆·泰特，于 1700 年发表了长诗《灵丹妙药：茶诗两篇》，他是继埃德蒙·沃勒之后第二个赞美中国茶的英国诗人。泰特认为，茶叶是一个精美的主题，使他写作轻松快乐，是喜爱的化身，也可以特别体面

地将诗歌献给女士们消遣娱乐。泰特在《灵丹妙药：茶诗两篇》中写道："健康之饮和灵魂之饮，美德和优雅人士开怀地痛饮，它像令人高兴的花蜜，又像一剂古希腊传说的忘忧药。"

茶俗茶趣

茶俗茶趣

茶俗茶趣

夫茶之为民用，等于米盐，不可一日以无。[1]

——王安石

盖人家每日不可阙者，柴米油盐酱醋茶。[2]

——吴自牧

1. "凤凰三点头"

"凤凰三点头"指茶事活动（茶艺表演、茶馆服务等）中的一种冲泡茶手法。冲泡茶时，将壶体由低而高连续、断续地上下点三次，使壶口注水入杯时随之一起一落，动作恰似凤凰点头，异常优美。动作要点：高提水壶，让水直泻而下，接着利用手腕的力量，上下提拉注水，反复三次，让茶叶在水中翻动。

"凤凰三点头"最重要之处在于轻提手腕，手肘与手腕平，便能使手腕柔软有余地。所谓水声三响主轻、水线三粗三细、

1 | 语出北宋王安石《议茶法》。

2 | 语出宋代吴自牧《梦粱录》卷十六"鲞铺"。

水流三高三低、壶流三起三落都是靠柔软手腕来完成。手腕柔软，还需恰到好处的控制力，从而达到同响同轻、同粗同细、同高同低、同起同落。手法如此精到，才能达到每碗茶汤色泽、分量完全一致。

"凤凰三点头"寓意三鞠躬，表达主人对客人的敬意。这一注水方法不仅姿态优美，也是冲泡好茶汤的需要。水注三次冲击茶汤，能更好地激发茶性，冲泡出好茶。

2．茶饮"叩指礼"

相传乾隆微服出巡到苏州，走进一家茶馆喝茶，自斟自饮，一时竟忘了帝王之尊而亲自为侍从斟茶。侍从不知所措，下跪接茶会暴露皇上身份，不跪又违反宫廷礼节。一名头脑灵活的侍从，曲着食指和中指在桌上轻轻敲几下，暗示奴才向皇上下跪请安。乾隆猛然醒悟，龙颜大悦。从此，这个动作就成为"表示谢意"的特殊茶礼流传开来，至今未废。

早先的叩指礼比较讲究，必须屈腕握空拳，叩指关节。随着时间的推移，逐渐演化为将手弯曲，用几个指头轻叩桌面，以示谢忱。

以"手"代"首"，二者同音，"叩首"为"叩手"所代，三个指头弯曲即表示"三跪"，指头轻叩九下，表示"九叩首"。

至今港澳及内地一些地方仍行此茶礼，每当主人倒茶之际，客人即以叩指礼表示感谢。

茶事间三种叩指礼：

1. 晚辈向长辈： 五指并拢成拳，拳心向下，五个手指同时敲击桌面，相当于五体投地跪拜礼。一般敲三下即可。

2. 平辈之间： 食指、中指并拢，敲击桌面，相当于双手抱拳作揖。敲三下表示尊重。

3. 长辈向晚辈： 食指或中指敲击桌面，相当于点下头即可。如敲击三下，表示对晚辈特别欣赏。

3. 茶斟七分满，留三分人情

斟茶，应该斟多少为敬？有多种说法，最普遍的是"酒满茶半"，酒桌、茶室都用，还有"茶斟七分满，留三分人情""茶以八分满为宜"……到底该斟多少？半碗、七分满、八分满？其实这并非一道数学题，需要精准，只是大体上排除两个极端——过满、过少，就行了。"过满"是十分满或九分多、九分满，"过少"应是少于半碗。五分、六分、七分、八分满，甚至八分多满，都在允许范围内。如果用很小的杯子饮茶，如工夫茶，适当满一些，也不算失礼。

过少，量不足，失礼，好理解。为什么不能满？大概有两方面的原因：一是茶是热饮，甚至刚刚由开水冲泡出来，而且茶汁有颜色，沾上不易擦洗，满则易溢，易烫伤人，易弄脏衣物；二是茶讲究品（除奶茶、油茶等在正餐食用的可以大口喝外），小口小口地喝，细闻其香，慢品其味，当然不宜斟满。

还有其他茶礼也是需注意的，如红茶待客时，杯耳和茶匙的握柄要朝着客人的右边，还要替每位客人准备砂糖、牛奶或奶精，放在杯子旁或小碟上，方便客人自行取用。

喝茶的客人要以礼还礼，双手接过茶，点头致谢。小口品饮，称赞主人的茶和茶艺，等等。

4．古代婚姻中的"茶礼"

古代男方向女方下聘，以茶为礼，称为"茶礼"，又叫"吃茶"。古代由于种植技术较差，茶树"植而罕茂"[3]，茶被赋予了"从一而终"的寓意。明人许次纾《茶疏》说：茶不移植，种茶必须种茶籽。古人结婚，总要以茶作为聘礼，取茶不能移植、寓从一而终之意。现在的人还把下聘礼叫作下茶，也说吃茶。[4]

茶礼之俗，早在唐代就有了。文成公主嫁入西藏时，嫁妆中就有茶叶。后来，茶由女子的嫁妆礼品转变为男子求婚不可缺少的聘礼。《元曲选·包待制智赚生金阁》："我大茶小礼，三媒六证，亲自娶了个夫人。"到明清时，更形成了成熟而盛行的茶礼风俗。明朝郎瑛的《七修类稿》记载："种茶下子，不可移植，移植则不复生也，故女子受聘，谓之吃茶。又聘以茶为礼者，见其从一之义。"《红楼梦》第二十五回，王熙凤打趣林黛玉："既吃了我们家的茶，怎么还不给我们家做媳妇儿？"

3｜植而罕茂，意为凡是移植的茶树都长不好。

4｜《茶疏》原文为："茶不移本，植必子生。古人结婚，必以茶为礼，取其不移植之意也。今人犹名其礼为下茶，亦曰吃茶。"

传统婚姻嫁娶"三茶六礼"中的"三茶"是指订婚时的"下茶"、结婚时的"定茶"和同房时的"合茶"。婚姻中的"茶礼",包括这"三茶"。六礼则指从求婚至结婚的六大礼节仪式,即纳采、问名、纳吉、纳征、请期、亲迎。在古代,男女结合如果没完成"三茶六礼"的全部过程,婚姻就不算明媒正娶。

5.瑶族婚礼"开茶"

过山瑶婚礼中有"开茶"礼仪。早餐过后,中堂的桌上摆出男方来宾送来的各种礼品,让人们逐一鉴赏。一会儿,礼品被搬走,紧接着就是"开茶"。这茶多为本地的谷雨茶,男方把茶包成十二份送往女方由女方舅爷"开茶",女方退回其中六包由男方舅爷"开茶"。

"开茶"仪式:女方两名舅爷、男方两名舅爷加媒公,共计五人参加,另有一人专门负责端茶端酒。"开茶"开始,女方舅爷先站在正堂中央,男方舅爷在门外,双方相对鞠躬行礼,口中唱喏"请——请——"一类的话。每躬身一轮都喝酒一杯,第二轮过后再互换位置,礼数重来一遍。在双方推让几句后,男方大舅爷打开红包,取出茶叶,唱起开茶词。开茶词一般是这样的:"红日高照满堂光,高楼瓦房亮堂堂,男子长成当婚配,女子成年结配郎……茶是茶、茶是大山茶,老人吃了长生不老,后生吃了四季长发……"接着唱开茶歌,歌词大体意思是:茶叶是仙丹妙药,大家都来尝一尝,恭喜爱情如意,夫妻情长,大吉大利。

"开茶"过后才摆第一轮酒席招待需要返程的远亲远客。

过山瑶把茶叶当宝贝，"开茶"是整个婚礼中最重要的礼仪。由于茶叶具有健脾胃、祛湿祛风、防治感冒等功效，古代瑶民把它称为百灵草，常食之以驱除深山老林的"瘴气"。因此瑶民非常看重茶叶，婚礼中的"开茶"礼仪正是珍重茶观念的沿袭。

6．哈萨克族饮茶礼仪

哈萨克族热情好客，招待客人总要先敬一碗奶茶。主人每次都不把茶碗斟满，只盛多半碗。这既与汉族的"酒满茶半"为敬相同，又凉得快，方便饮用。客人中年长者坐首席，奶茶先敬首席客人。客人若还想喝，将茶碗放在自己面前，主人会再给你盛奶茶。每次喝茶，都要喝干见底。若不想喝了，一定要用双手捂住碗口，表示已经喝好了。主人若要给你添茶，还是要捂住碗口，并说"谢谢"或"谢谢！我喝好了"。如果不用手捂住碗口，主人会以为你还想喝，会不断给你添奶茶的。

7．七家茶

七家茶相传起源于南宋，至今尚流传于西湖茶乡。每逢立夏之日，新茶上市，茶乡家家烹煮新茶，并配以各色细果、糕点，馈送亲友邻居，以使邻里之间和睦相处。

明代田汝成《西湖游览志馀·熙朝乐事》：立夏那天，家家户户烹煮新茶，配上各种各样的干果，送给亲戚邻居，这叫七家茶。有钱人家竞相比富，茶果盘都是雕花的，还用金箔装饰。香茶嘛，名目繁多，如茉莉、林禽[5]、蔷薇、桂蕊、丁檀、苏杏等，用昂贵的哥窑汝窑茶碗盛茶，仅喝一两口罢了。[6]

至今，杭州、苏州等地仍保留着立夏吃"七家茶"的习惯，以"七家茶""饯春筵"告别春天，迎接夏天。

8．烤茶

烤茶是我国部分少数民族独特的饮茶方式。烤茶，就是将茶叶放入陶罐，将陶罐放到火上烤，然后将开水注入陶罐，最后滤出茶水饮用。烤茶，因地域不同、投入的原料不同、烤的方法不同，又有罐罐茶、百抖茶、雷响茶、糊米茶、盐巴茶等说法。

罐罐茶的说法比较普遍。茶罐，一般使用夹砂茶罐和土陶茶罐，也有用紫铜茶罐的。茶罐大小、造型不一，有一拳大的，有三四拳大的，更大的一罐够十来个人饮用。

我国云南、贵州、甘肃等地的人都爱喝罐罐茶，云南尤为普遍。云南各地烤茶的方式方法不尽相同，滇东北镇雄县、宣威市部分地区的彝族和苗族，客人到家中围火塘而坐，一人一

5｜林禽，即林檎，果实可作为水果食用。

6｜原文为："立夏之日，人家各烹新茶，配以诸色细果，馈送亲戚比邻，谓之七家茶。富室竞侈，果皆雕刻，饰以金箔，而香汤名目，若茉莉、林禽、蔷薇、桂蕊、丁檀、苏杏，盛以哥汝瓷瓯，仅供一啜而已。"

个烤茶罐、一个茶杯，茶罐放在火塘边烤，先烤后煮，客人自己烤自己喝。凤庆一带用较大的茶罐，烤茶时多次抖动茶罐，让茶叶烤到"梗泡、芽黄、叶不煳"，注入一点开水，拂去泡沫，再注水煨开，分别倒入茶杯，称"百抖茶"。滇西南沧源佤族，在茶罐里塞满茶叶，文火慢慢烘烤并转动茶罐使罐受热均匀，直到罐内冒出青烟再注水煮，煮到罐内茶汤成黏稠膏状，才滤到小杯上，这样的茶喝上几滴整天喉咙滋润，回味悠长。滇西北普米族，把茶罐烤烫后，加入动物或植物油脂、一撮大米、一把茶叶，文火烘烤，待米黄、茶散发焦香时，注入开水煨（这种茶也叫"糊米茶"或"糊米罐罐香茶"）。烤糊米茶，也需要用手腕不断地抖罐，让罐中的米不煳底，因此也称之为"百抖茶"。滇中楚雄彝族，烤茶方法与普米族近似，不过要加入盐，做成油盐茶。滇南哈尼族直接将茶叶放入罐中煮，喝茶汤。滇西北藏族把砖茶、沱茶放到茶罐里煮，茶汤倒入打酥油茶的桶中，加入酥油、盐巴、花生和芝麻粉末等，调成水乳交融的酥油茶。把茶投入砂罐中烘烤，烤出焦香味后把烧沸的水猛地倒入瓦罐中，沸水在烧热的瓦罐中撞击，发出沉沉如雷的声响，白族、彝族称之为"雷响茶"。滇西白族人用茶罐把茶烤、煮成茶汤，加配料，又可做成"三道茶"。

云南各族人民都喜欢喝罐罐茶，许多喜好喝茶的人都自称"老茶罐"。

盐巴茶制作过程为：先将小茶罐放在炭火上烤，然后取一把青毛茶或捣碎的紧压茶放入罐中烤香，再将开水加入罐中，茶水滚开几分钟后，去掉浮沫，将盐巴放到罐中，持罐摇动，使茶水环转三五圈，再将茶汁倒入茶盅，向茶盅内加入适量开水稀释一下，盐巴茶就做好了。

盐巴茶汁呈橙黄色，配玉米饼等茶点，边煨边饮，煨烤三四罐后，茶味消失，再想喝就需换茶叶了。茶叶渣喂牛马，可增进牲口食欲。高寒山区民众，日常食用蔬菜较少，茶叶因此成为不可或缺的生活必需品，每日必饮三次茶："早茶一盅，一天威风；午茶一盅，劳动轻松；晚茶一盅，提神去痛。一日三盅，雷打不动。"

9. 竹筒茶

竹筒茶，是将茶叶放入新砍伐的竹筒中边烤边压实而制成的茶，它既有浓郁的茶香又有清新的竹香，是云南傣族、拉祜族风味独特的香茶，傣语称为"腊踔"。

竹筒茶的制作过程：先将晒干的春茶或初加工过的毛茶，装入刚刚砍下的生长期为一年左右的嫩竹筒中，再将装有茶叶的竹筒放在火塘三脚架上烘烤，几分钟后待竹筒内的茶叶变软，用木棒将竹筒内的茶压紧，之后再填满茶烘烤。如此边填、边烤、边压，直至竹筒内的茶叶填满压紧为止。茶叶烘烤到足够干，用刀剖开竹筒，取出圆柱形的竹筒茶，用牛皮纸包装好，就得到了茶竹俱香的竹筒茶了。另一种做法是，将鲜茶与糯米饭同时蒸，中间用纱布隔开，待茶叶软化充分吸收糯米香气后倒出，立即装入竹筒内塞紧，用文火烤干，这样制作出来的茶，竹香、糯米香、茶香三香俱备，风味独特。

喝茶时，掰下一块竹筒茶，用开水冲泡，便是风味独特的竹筒茶了。

10．擂茶

擂茶是用擂钵将茶叶和配料捣烂成糊状，滤后放入锅中煮开，或倒入开水调匀，喝汤。我国许多地方有饮擂茶的习惯，如湘、黔、川、鄂交界地区，武夷山地区和潮汕地区等。不同地区、不同民族的擂茶配料及饮用方式不尽相同，总的来说，擂茶的配料多种多样，可以是大米、花生、芝麻、绿豆、生姜、食盐，也可以是山苍子、陈皮、甘草、川芎、肉桂、白芍等，可根据个人需要和口味随意搭配。春夏湿热，擂茶时可加入新鲜的金钱草、薄荷叶、斑笱[7]菜等，还可加入滋润脾肺的蜂蜜；秋季天干气燥，擂茶时可加入金银花、金盏菊或是白菊花；冬季寒冷，擂茶时可加入肉桂、竹叶椒、胡椒等。加入葛根，有醒酒功能；加入鱼腥草、陈皮、藿香等，可缓解中暑。

煮擂茶，料少水多，如同冲泡茶；料多水少，茶汤浓稠，如茶粥。据史书记载，魏晋至唐，喝的是“茗粥”。[8]“茗”即茶，“茗粥”即茶粥，与浓稠的擂茶相似。正因如此，有一种说法：擂茶是至今最具原始形态的饮茶方式，堪称我国茶文化中的“活化石”。

7 | 笱，音 sǔn，笋的异体字。斑笱，即斑笋，斑竹的笋。

8 | 《尔雅》茶：“叶可炙作羹饮。”《晋书》记载：“吴人采茶煮之，曰茗粥。”唐杨华《膳夫经手录》：“茶，古不闻食之，近晋、宋以降，吴人捋其叶煮，是为茗粥。”

11. 酥油茶

酥油茶是我国藏族民众用酥油[9]和浓茶加工而成的一种特色饮料。酥油茶的加工制作主要有两种方式：一种方式是将砖茶用水煮好，加入酥油，放到一个细长的木桶中，用一根搅棒用力搅打，使酥油与茶汁融为一体；另一种方式是将酥油和茶放到一个皮袋中，扎紧袋口，用木棒用力敲打，藏民因此将加工酥油茶叫"打"酥油茶。茶叶中的芳香物质，能溶于脂肪，帮助消化。西藏高原牧区的藏民，主食牛羊肉，缺少新鲜蔬菜和水果，饮茶可以补充缺乏的维生素，维持体内水分的平衡和正常的代谢。酥油茶集酥油与茶的优点于一身，具有生津止渴、消积化滞、提神醒脑、防止动脉硬化、抗老防衰和抗癌等作用。

上佳的酥油茶，既与酥油、砖茶、水的优劣有关，也与原料的配比、熬制方法和时间有关。藏民凭经验掌握最佳配比与熬制时间，也有食品研究学者采用对比实验方法，研究得出藏式酥油茶研制的最佳配方：水100%，黄油2.5%，茶叶5%，盐1.5%，单甘酯添加量0.5%，熬制30分钟，酥油茶的色泽、口感最好。[10]

9 | 酥油，类似于黄油的乳制品，是从牛、羊奶中提炼的脂肪。

10 | 徐敏、杜金成等：《藏式酥油茶生产工艺研究》，《食品研究与开发》，2015年9月第18期，第72页。

12．腌茶

云南德宏地区的景颇、德昂等少数民族食茶方法很特别：把新鲜茶叶腌制成菜，即腌茶。雨季采摘回来的鲜茶叶，清水洗净，在竹席、竹编等上摊晾，待鲜叶表面水分消失后，对鲜叶稍加搓揉，撒上辣椒、食盐拌匀，放入罐或竹筒内，用木棒一层一层舂紧，将罐（筒）口塞紧封好。静置两三个月，待茶叶色泽转黄，腌茶就做好了。

将腌好的茶从罐（筒）中取出晾干，分装到瓦罐中，可随时取出食用。食用时，拌上香油、蒜泥或其他作料，味道更佳。

13．米虫茶

米虫茶，也叫"虫茶"或"茶虫屎"，是一种民俗茶饮，流行于湖南城步苗族自治县等地。

米虫茶的制作方法很简单：谷雨前后采下鲜茶叶，放入竹篓中，浇上淘米水，置于通风的阁楼上。不久便生出米虫，米虫以茶叶为食，很快繁殖为满篓米虫。第二年四五月间，茶叶被虫吃光，篓底留下厚厚一层虫屎，筛去杂物，剩下的即为米虫茶，用瓷瓶装好备用。米虫茶是黑褐色颗粒，像茶珠，色泽油润光滑，有股淡淡的香味。

饮用时，在开水杯中投入几粒米虫茶，或者在茶杯中放几粒米虫茶，然后冲入开水，米虫茶会在开水中释放出丝状的红茶汁，漂于水中，然后缓缓落于杯底，少顷，杯中茶水变成深红色，口味香郁甘美。

据说，米虫茶含有多种营养成分，蛋白质、维生素和氨基酸的含量很高，具有清热解毒、顺气消滞等功效。

14．工夫茶

工夫茶是一种冲泡茶方法，是我国现有饮茶方式中技艺要求高、程序最繁复、文化蕴含丰富的一种，它对茶具、茶叶、冲泡方式方法都有严格要求。因为这种泡茶方式极其讲究，熟练操作需要耗费不少心血与工夫，故名工夫茶。

工夫茶的饮茶方式在宋朝已成形，主要在广东潮汕、福建和台湾一带流行。以潮州工夫茶最具代表性，潮州工夫茶是融精神、礼仪、沏泡技艺、巡茶艺术、评品质量为一体的完整的茶道形式，既是一种茶艺，也是一种民俗，是"潮人习尚风雅，举措高超"的象征，它已被列入中国"国家级非物质文化遗产名录"。

工夫茶对茶具有特别要求，如茶壶"宜小不宜大、宜浅不宜深"，浅能留香酿味，茶汤不易变涩；茶杯则要求小、浅、薄、白。对茶洗、茶盘、储茶罐、茶匙、水瓶、贮水缸、火炉等茶具都有具体要求。

对茶的品类也甚为挑剔，必须是乌龙系列。工夫茶，茶杯很小，需不断续水，乌龙茶味厚耐泡，只有乌龙茶适于泡工夫茶。泡茶用水则要求用山泉水。

工夫茶的泡法更是复杂，"十八道工夫茶"说的是有18道程序，更有的列出21道程序，从准备茶具到饮茶的各个环节都有具体要求。如温壶，要求用开水浇注茶壶里里外外；温杯，要求在开水中滚动杯子热盏；冲茶，要求悬壶高冲，让开水激荡茶叶，使茶叶的色香味充分发挥；分茶，将茶汁分注到茶杯时要求像关公巡城一样依次巡注于茶杯中，茶壶中还剩少许茶汤时，要求像韩信点兵一样一点一点均匀地滴入各茶杯……

这18道或21道程序的名称，既形象又文雅，如"焚香静气，活煮甘泉"——先点燃一支熏香，营造温馨、幽香环境；"孔雀开屏，叶嘉酬宾"——借孔雀开屏比喻介绍美茶雅具，"叶嘉"是苏东坡以拟人化手法写作的一篇文章中的人物，叶嘉代表茶叶；"大彬沐淋，乌龙入宫"——表示烫洗茶壶、投茶入壶的这一程序，大彬是明代制作紫砂壶的一代宗师，后人把名贵的紫砂壶称为大彬；"高山流水，春风拂面"——表示"高冲水，低斟茶"要求中的"高冲水"和用壶盖轻轻刮去茶汤表面泛起的白色浮沫的环节，如此等等。

延伸阅读

十八道工夫茶

1. 焚香静气，活煮甘泉。 2. 孔雀开屏，叶嘉酬宾。

3. 大彬沐淋，乌龙入宫。 4. 高山流水，春风拂面。

5. 乌龙入海，重洗仙颜。 6. 母子相哺，再注甘露。

7. 祥龙行雨，凤凰点头。 8. 夫妻和合，鲤鱼翻身。

9. 捧杯敬茶，众手传盅。 10.鉴赏双色，喜闻高香。

11.三龙护鼎，初品奇茗。 12.再斟流霞，二探兰芷。

13. 二品云腴,喉底留甘。 14. 三斟石乳,荡气回肠。

15. 含英咀华,领悟岩韵。 16. 君子之交,水清味美。

17. 名茶探趣,游龙戏水。 18. 宾主起立,尽杯谢茶。

15. 盖碗茶

盖碗茶,使用上有盖、下有托、中有碗的茶具(雅称"三才碗")泡茶、饮茶,称盖碗茶。

我国西北的甘肃、青海、宁夏一些地区,家家户户都备有托盘、茶碗、碗盖组成的盖碗茶具,俗称"三炮台",民间又叫盅子。这些地区盖碗茶配料不甚相同,名目繁多,一般有三香茶(茶叶、冰糖、桂圆)、五香茶(冰糖、茶叶、桂圆、葡萄干、杏干)、八宝茶(红枣、枸杞、核桃仁、桂圆、芝麻、葡萄干、白糖、茶叶),还有十二味茶、红糖砖茶、白糖清茶、冰糖窝窝茶等。可根据不同季节和身体状况饮不同的茶。夏天多喝茉莉花茶、绿茶,冬天多饮陕青茶。驱寒和胃,饮红糖砖茶;消积化食,饮白糖清茶;清热泻火,饮冰糖窝窝茶;提神补气、明目益思、强身健胃、延年益寿,饮八宝茶。

泡制八宝盖碗茶时,须用开水冲一下碗,然后放入茶叶、冰糖、红枣、枸杞、桂圆肉、芝麻、葡萄干、杏干、柿饼、苹果干、玫瑰花、甘草等配料,盛水加盖,泡两三分钟后可饮用。喝盖碗茶时不能拿掉上面的盖子,也不用气吹漂在上面的茶叶,而是用碗盖刮刮茶水,盖子要盖得有点倾斜,隔盖品茶,让茶香入鼻、茶水缓缓入口。

四川的盖碗茶更有讲究。四川盖碗茶茶道分为几大步骤:

净具、投茶、注水、拂茶、闻茶、品茶。

净具：用温水将茶盖、茶碗、茶托清洗干净。

投茶：将适量的茶叶投入茶碗中，以3克为淡茶、5克为浓茶。

注水：注开水于茶碗中。成都茶楼，茶博士（茶楼伙计）右手握长嘴铜茶壶，左手卡住托垫和白瓷碗，左手一扬，"哗"——一串茶垫脱手飞出，稳稳停在客人面前；"咔咔咔"——数只茶碗放于茶垫上。然后立于客人身后或侧旁，壶嘴离茶碗一尺多高甚至更远，开水"噗"的一声飞注入茶碗，茶叶在碗中翻滚，开水满至与碗沿齐平，却一点也不溢到桌面。有的茶博士，将长嘴茶壶甩到身后，来一个"木兰挽弓"，准确地把开水注入茶碗。茶博士注水技术之高超，客人无不惊叹。

拂茶：注开水后，盖上茶盖，稍过一会儿，拎起茶盖在碗面轻轻刮一刮，使茶和碗中茶水上下翻转，轻刮则茶淡，重刮则茶浓。

闻茶：冲泡四五分钟后，拎起茶盖使之倾斜，以鼻凑近茶碗，闻茶的香味。茶香浸入肺腑，非常舒服。

品茶：提起茶盖，或将茶盖置于桌面，托起茶碗，慢慢品尝茶味。

如今，八宝茶已经非常普及，全国各地都有饮用。

延伸阅读

最好的盖碗茶：鲜、爽、活

喝好茶，是要用盖碗的。于是用盖碗。果然，泡了之后，色清而味甘，微香而小苦，确是好茶叶。

—— 鲁迅《喝茶》

盖碗茶：香而不清是一般的茶，香而不甜是苦茶，甜而不活亦非上等茶，只有鲜、爽、活的茶才是最好的茶。

16．糊油茶、蒸油茶、油炒茶

陕西宁强的羌族人嗜茶，待客茶为先，有独创饮茶方式。在宁强，人人清早饮茶，有"清早茶一杯，金榜中高魁"之说。

宁强的"糊油茶""蒸油茶""油炒茶"极具特色。

糊油茶，是将茶汁装进肚大两端小、直径 3 寸、高约 7 寸的陶瓷罐里，再加入多种调味品，将陶罐煨在火中，再把炒熟的白面或苞谷面搅成糊状倒进陶罐，烧煮后将陶罐中的粥状物倒到小碗里，加上炒花生或炒核桃仁和"油馓子"等干酥香脆食品。吃起来味道醇厚香脆。

蒸油茶，先将优等猪板油切成石榴籽状颗粒，再跟桂圆肉、枸杞、大枣、核桃仁、冰糖等拌匀，装入盆里，在锅里蒸至板油融化，装瓶存放。食用时，取一两勺放到小罐内，加适量茶汁，放到火中煨，煮沸就可饮用了。"蒸油茶"味甜醇香，益脾润肺，是滋阴补阳的上等补品，适合春冬两季饮用。

油炒茶，用直径寸余、高约二寸的小陶瓷罐煨煮。先将罐子煨在火中至发红，再把猪油或植物油倒入，待油在罐中沸腾生烟，再将适量茶叶投进去，用竹筷或竹片不停翻炒。冒出茶香味后，倒入清水，想喝咸的放点盐巴，想喝甜的放入白糖，煮沸就可以了。"油炒茶"香味浓郁，放盐咸香味久，投糖甜香味美。它解渴消暑，养胃生津，提神解乏。喝茶用盅子，每次只能喝 1～2 盅，不宜多喝。

17．畲族茶俗

"畲"是"刀耕火种"之意，畲族是游耕民族，人到哪儿就耕种到哪儿，哪座山头无人住就去哪儿，畲族也称"山哈"，意为居住在山里的客人。丽水市景宁县，是全国唯一的畲族自治县。

畲族谚云："畲山无园不种茶""园里无茶不成寮（屋），山上无茶不成村"。畲族人见缝插针，会在任何适宜的土壤上种植茶树。畲族与茶结下了不解之缘，在畲乡，家家会制茶，人人爱喝茶，形成了"畲客落寮就泡茶""无茶无水不成礼"等独特的畲乡茶文化习俗。客人到家，先敬茶。畲族人茶礼很多，不同时节喝不同的茶，有不同的叫法。春节饮茶叫"新春茶"，结婚新人要喝"食蛋茶"，迎亲赤郎''要喝"宝塔茶"等。

二碗茶。到畲族人家做客，喝茶至少要喝两碗。为什么？因为畲民认为"喝一碗为无情茶"（类似于藏民族的"一碗成仇"），只要接过主人的茶，就必须喝第二碗。"喝两碗是长寿茶。"当然喝三碗也很好："一碗苦，两碗补，三碗洗洗肚。"

新娘茶。新娘到男方家时，大厅喜烛下掀开头巾，新人互相对饮一杯茶，以示吉利，这叫"茶礼"。举行婚礼时，新郎新娘拜堂后，新娘向亲朋宾客一一敬茶，这是甜茶。新婚之夜，新娘还要向舅公敬"九节茶"（杯底压着红包，红包内的钱，尾数要带"9"，如9元、29元、99元等）。第二天一早，新娘还要拜见公婆，向公婆敬茶。之后，在婆婆或其他人带领下给家族中的各式人等及远道来参加婚礼的亲戚敬茶。接着，还要逐一拜见邻里亲友，向他们敬茶。新娘茶是初来乍到的新娘认识亲朋邻里的一种方式。新娘茶，一般是用新娘带来的上好茶泡制。新娘茶颇讲究，一般有十多味：韧皮豆、姜丝、香椿叶、柳春芽、茶叶、橘皮、冰糖等。

宝塔茶。畲族人结婚，男方必须挑选一位精明能干、能歌善舞的男子，当"亲家伯"或"迎亲伯"，全权代表男方，携带聘礼，前往女家接亲。女方来迎宾的"亲家嫂"，也必是伶牙俐齿、能歌善舞的。接亲的"亲家伯"与迎宾的"亲家嫂"相互礼让、"礼尚往来"，以诗、歌对答，其中最精彩的是献"宝塔茶"和喝"宝塔茶"。女方用樟木红漆八角茶盘捧出5碗热茶，这5碗热茶像叠罗汉一样叠成3层：一碗垫底，中间3碗，围成梅花状，顶上再压一碗，呈宝塔形，恭恭敬敬地献给男方接亲人品饮。男方"亲家伯"用牙齿咬住宝塔顶上的那碗茶，以双手挟住中间那3碗茶，连同底层的那碗茶，分别递给4位轿夫，他自己则一口饮尽咬着的那碗热茶。这需要很高的技巧！要是茶水溅了或倾倒了，大伙不但无茶喝，还会被"亲家嫂"奚落。

祭祖茶。每年正月十五，畲民要祭祖。祭祖前，要用茶水洗手洗脚，俗称洗秽（畲语），之后倒到村口，供路人踩踏，称之为踩秽（畲语）。祭祖开始，先放神铳三响，百子炮喧天，由族长给祖先敬酒、敬茶，族中老小磕头叩拜，用畲语唱《高皇歌》，古时还要跳"龙头舞"和"铃刀舞"。据说，"龙头舞"和"铃刀舞"有驱邪除妖的作用。舞蹈毕，祭祖结束。

18. "一碗成仇"

藏民日常生活离不开酥油茶，喝茶的礼俗甚多，"一碗成仇"便是茶俗中很值得记住的一句话，劝告人们不能喝一碗茶就走，饮茶三碗为吉利。现代，已不那么讲究，多喝几碗，主人也很高兴，但要切记：不能只喝一碗！

在藏民家中做客，需入乡随俗，遵守当地礼仪。藏民平时在家喝茶，各自用自己的茶碗，不能随便用他人的碗。客人来了，主人会取出擦拭得光亮照人的瓷碗，恭敬地把酥油茶斟上。斟茶前，先将茶壶轻轻地晃动数次，晃动茶壶时，壶底必须低于桌面。主人斟满茶，双手端碗躬身献给客人。客人接茶后，不能急匆匆张口就饮，而要缓缓吹开浮油，慢慢地分数次饮用，还不能发出声响。客人不能一气把茶喝完，喝一半或大半，留一半或小半，待主人添满后再喝。每喝一碗，都留下半碗或小半碗，主人会很快把茶碗添满。茶添满时，客人不可端起就饮，而应该在主人的敦请下慢慢饮用，或者与主人边聊天边慢慢饮用。客人不想喝时，捂住碗口向主人示意即可。结束喝茶时，也不能全部喝干，要留下少许，表示茶永远喝不完，财富充足。

19．维吾尔族香茶

新疆维吾尔族人爱喝奶茶，也爱喝香茶。煮香茶用长颈壶，壶中水沸腾时，将茯砖茶敲成小块，放入壶中煮大约 5 分钟，将预先准备好的姜、桂皮、胡椒等细末香料放入茶壶中，轻轻搅拌并再煮三五分钟。香茶煮好后，直接用长颈壶把茶汤注入茶碗。为防止倒茶时茶渣、香料混入茶汤，会在煮茶的长颈壶口上套一个过滤网，这样茶汤就不会带茶渣了。维吾尔族喝香茶，习惯于一日三次，与早、中、晚三餐同时进行，通常是一边喝茶，一边吃馕，这种饮茶方式，是把茶当作佐食的汤料，是以茶代汤，用茶进餐。

20．瑶族"油茶"

瑶族的"油茶"，完全不同于河南、陕西和四川的"油茶"（用花生、芝麻面与干面粉、玉米粉等冲调成的糊），它是一种煮茶，既源于又有别于古代的煮茶。它不仅要煮，而且要"打"，把茶叶、生姜等捶烂再煮出汤汁。油茶的茶汤不是解渴时喝的，是用来佐餐的。

油茶是岭南瑶民的食俗之一，其形成原因有二：一是疗湿祛瘴，古代瑶民居住区林木阴翳、温湿多雨，容易形成瘴气，而油茶具有驱寒祛湿、解乏治痧的功效；二是山地民族耕耘山地，以玉米、红薯等杂粮为主食，久食易出现肠胃不适，而且食时吞咽困难，煮茶而食则正好解决了这两个难题。因此，湘南桂北粤北瑶族民众都有煮茶而食的传统习俗。

瑶族油茶是由煮茶而食演变来的，最典型、最系统的是桂林市恭城瑶族自治县的油茶。恭城油茶最早流行于瑶族聚居的山村，20世纪下半叶开始逐渐从山区传到河谷平地，从瑶村传到汉族村落，再从河谷平地、农村传到乡镇、县城。城镇人在接受油茶饮食过程中有所改良，改良后再传回农村、瑶乡，油茶饮食在此过程中得到完善、普及，最终成为一种既有营养又能消食、保健的独具特色的饮食文化。20世纪80年代，油茶在恭城县全面普及，同时也传到周边县域。90年代之后逐渐传到桂林、南宁。如今，恭城油茶作为一种消食、保健、减肥饮食，在广西已成为时尚，桂林市的绝大多数餐馆、广西各城市的许多餐馆都开始供应油茶。2021年，恭城瑶族自治县的瑶族油茶习俗入选第五批国家级非物质文化遗产代表性项目名录。2022年11月，恭城的"瑶族油茶习俗"作为"中国传统制茶技艺及其相关习俗"的一个子项，成功通过评审，被列入联合国教科文组织人类非物质文化遗产名录。

恭城油茶的突出特点是"打"，所用茶叶比冲泡茶叶要老一些、粗一些，粗茶味更厚重、更耐捶，可以多次捶、煮。恭城油茶的茶具有茶锅、茶槌、茶滤等。恭城油茶的茶锅是特制的、专用的，只用于打油茶。它用生铁铸成，非常厚实，很耐捶打；茶槌、茶滤也是特制的，专门用于打油茶。最基本的原料为茶叶、生姜、盐、水、少量食用油。其制作过程为：茶叶先用开水浸泡或稍煮一下，滤去茶水，让茶叶保持湿润柔软；将生姜切片、拍烂，然后放到茶锅里，用茶槌（用硬木做成7字形状）捶打茶锅里的茶叶和生姜，直至茶叶、姜融烂；"打"的过程中用小火，注入开水前用大火。开水下锅时，水是滚开的，茶锅甚热，水入锅时是即时沸腾。"打"的过程中，适时放入适当的油。盐，可在煮时添加，也可在喝前添加。恭城油茶讲究色香味，色要黄，香气四溢，百十米外可闻到。每天早餐时间，街道、村庄，满街满巷飘散着浓郁的油茶香味。

油茶入口微苦、略涩，饮后喉咙清凉、甘甜，满齿留香。

恭城油茶的佐料异常丰富，除了麻旦、炒米（四川、陕西、湖南等地叫阴米）、葱、香菜，还有系列糕粑。恭城几乎每个月都有一种糕粑，据说是古时节日供奉祖先享用的。正月十五汤圆粑，三月清明艾叶粑，五月端午大粽粑，六月六熟粉粑，七月半狗舌粑，八月十五柚叶粑，九月发糕粑，十月大肚粑，十一月水浸粑，十二月过年是年糕粑，年糕粑有糯米加肉的肉糕粑、糖糕粑，粳米的芋头粑、萝卜粑，还有打糍粑、船上粑，等等。如今，糕粑已不分季节、节日，所有糕粑一年四季都可供应。油茶佐食各种糕粑，是绝配。恭城县近30万人，家家早上都打油茶，来了客人也先以油茶招待，一些宴席，也配以油茶糕粑。

家庭打油茶，一般是矮茶桌、矮凳，家人围桌而坐，一人掌锅打油茶，一人煎蒸糕粑。打好一锅，一人滤一碗，第二锅再一人一碗。炊气缭绕，香味扑鼻，油茶和糕粑热气腾腾，一家人低声说话，悄声喝茶，气氛异常和谐温馨。

湘西、鄂西、黔东北的苗族，广西的侗族也有喝油茶的习惯。不过与瑶族油茶略有不同，如侗族油茶是甜味的。

延伸阅读

其他少数民族的油茶

我国有多个少数民族都喜欢喝油茶，除瑶族外，彝族、侗族、仡佬族、布依族、苗族等都喝，但其制作过程不甚相同。彝族油茶是熬煮出来的。其制作过程为：将猪肉等与茶叶一起放到砂锅（一般为立式、高筒砂锅）里熬煮，然后滤出茶汁，佐料为炒熟的花生、核桃、阴米等。彝族油茶用茶杯饮用。

侗族油茶，一般用普通炒菜铁锅，先把大米和茶叶放到锅里炒香炒焦（大米炒焦、茶叶炒香），然后加入开水、盐煮上几分钟。喝时撒上葱花，配上各种佐料。

仡佬族的油茶，先把煮过的茶叶捣碎，然后在炒菜锅里放猪油，将捣碎的茶渣茶汁放入锅中，加上油渣（猪板油炼出油后的渣）和水煮。喝油茶时，茶汁和油渣一起吃。

21．白族三道茶

白族三道茶又称三般茶、"绍道兆"，是云南白族人民招待宾客的饮茶方式，2014 年已列入第四批国家级非物质文化遗产代表性项目名录。

三道茶第一道为"苦茶"。制作时，先将水烧开，由司茶者将一只小砂罐置于文火上烘烤。待罐烤热后，取适量茶叶放入罐内，并不停地转动砂罐，使茶叶受热均匀，待罐内茶叶转黄，茶香扑鼻，即注入已经烧沸的水。少顷，主人将沸腾的茶水倾入茶盅，再用双手举盅献给客人。茶经烘烤，再经沸水冲煮，茶色如琥珀，香气扑鼻，只是味较苦涩，通常只斟半杯，客人一饮而尽。第二道为"甜茶"。客人喝完第一道茶后，主人重新用小砂罐置茶、烤茶、煮茶，并在茶盅里放入少许红糖、乳扇¹²、桂皮等，这道茶香甜可口，故称"甜茶"。第三道是"回味茶"。煮茶方法相同，只是茶盅里放的原料已换成适量蜂蜜、少许炒米花、若干粒花椒、一撮核桃仁，茶容量通常为六七分满。这杯茶，喝起来甜、酸、苦、辣，六味俱全，回味无穷。

"三道茶"寓意人生"一苦，二甜，三回味"的哲理，暗合了佛家追求人格完善的境界，现已成为白族民间婚庆、节日、待客的茶礼。

22．基诺族凉拌茶

云南的基诺族，是在一定程度上保持母系社会传统文化的民族，他们至今仍把茶当菜食用，即凉拌茶。采来鲜茶叶，揉软、搓细，放到清洁的碗里，在碗里放入酸笋、大蒜、辣椒、生白、食盐等，添入少量清泉水，拌匀，即成凉拌茶，这就是基诺族喜爱的"拉拨批皮"了。

23．布依族"姑娘茶"

"姑娘茶"是布依族未出嫁的姑娘精心制作的茶叶。"姑娘

---

12 | 乳扇，滇西北各民族食用的一种奶酪，用鲜牛奶制
成，呈乳白色，片状，成卷，状如折扇，故得名乳扇。

茶"不出售，只作为礼品赠送给亲朋好友，或谈恋爱、定亲时，由姑娘作为信物送给情人，精致的名茶象征姑娘的贞操和纯洁的爱情。

每年清明节前，布依族姑娘就上山采摘刚长出来如雀舌的尖嫩茶叶，回来后在锅中热炒去青，在茶叶还有一些温度时，把茶叶一片一片地叠整成圆锥体，然后拿出去晒干。经过一定的技术处置后，就制成一卷一卷圆锥体的"姑娘茶"了。

圆锥体的"姑娘茶"每卷重 50～100 克，形状整齐优美，品质格外优良，是布依地区茶叶中的精品。

24. 布朗族酸茶

酸茶制作时间一般在五六月，高温高湿的夏茶季节，采摘的幼嫩鲜茶叶用水煮透，趁热装入土罐，放在阴暗处 10 余日，任其发酵，然后装入竹筒，埋入土中。经一个多月，取出晒干，便可食用了。吃时，酸茶放入口中细嚼咽下，既解渴又助消化，可家庭食用，也可作为礼物馈赠给朋友。

25. 草原奶茶

奶茶是奶品与茶水的混合饮料，如今许多国家都有不同种类的奶茶，大街上也有多种多样的奶茶出售。奶茶是游牧民族的发明，时至今日，蒙古高原、新疆牧区、中亚地区的草原奶茶仍保持着最传统的熬制方法与风味，是日常饮用及待客的必备饮品。

　　游牧民族的奶茶，以砖茶（青砖茶和黑砖茶）与牛羊乳熬煮而成。一般用铁锅、铜壶、搪瓷壶等煮，水开后将捣碎的砖茶投入，煮几分钟，再注入牛奶或羊奶，搅匀，滤去茶渣，奶茶便煮好了。也有用煮好的茶水、开水和熟奶调兑奶茶的。奶与茶水的比例大体为1∶5，喝咸奶茶的，投入少量盐巴。根据各自的喜好，可在烹煮或调兑时加入配料，如丁香、胡椒、姜粉等。

　　牧区以食牛羊肉及奶制品为主，以粮、菜为辅，茶是消食化滞、补充维生素的重要食品，一日不可或缺，牧民习惯于"一日三餐茶、一顿饭"（一日三餐，两餐以喝奶茶为主，辅之以馕和奶制品）。所以，牧区民众喝奶茶不是小口地品，而是大口地喝，既解渴又可补充热量、增加体力。

26．奶皮子茶

　　奶皮子茶味道香浓，别有风味。奶皮子茶的制作与奶茶有些相似：砖茶捣碎，熬煮成茶汁，将茶汁倒入碗中，加入开水，再加入熟的奶皮子。奶皮子的量，根据个人的喜好、口味而定。奶皮子是鲜乳中的精华，是奶制品系列中的佳品，营养价值高。奶皮子的做法：将牛、羊、马、骆驼的鲜乳倒入锅中慢火微煮，等到表面凝结一层"奶皮"，用筷子挑起在通风处晾干即成。

　　奶皮子茶香甜可口，略有些油腻，能滋补身体，调理气血，提高免疫力。

27. 坦洋工夫红茶

坦洋工夫红茶产自如今的福安市社口镇坦洋村。1851年，福建福安县的坦洋村万兴隆茶庄用当地菜茶创制坦洋工夫红茶。第二年，各大茶庄纷纷效仿。经广州运往欧洲，很受欢迎。坦洋工夫红茶名声大振。1875年、1884年，政和工夫红茶、白琳工夫红茶先后创制，坦洋工夫红茶成为创制最早的"闽红三大工夫"之一。

凭借"五口通商"机遇，坦洋工夫红茶在异国他乡颇受青睐，茶商云集坦洋。清朝从咸丰到光绪的几十年间，远近茶商在坦洋设立的茶行达36家，年制干茶2万多箱。《宁德茶叶志》录下流传于坦洋的民谣："茶季到，千家闹，茶袋铺路当床倒……白银用斗量，船泊新凤桥。人称坦洋小福州，工夫茶香飘寰宇。"据说，当年从海外寄信到村里，写"中国坦洋"就能寄达。

坦洋工夫红茶生产工艺有鲜叶采摘、萎凋、揉捻、发酵、干燥、精制等，鲜叶采摘要求选择晴天采摘一芽一叶或一芽二叶，品种以福安大白茶、福鼎大毫茶为佳，鲜叶要求芽叶肥壮，保持新鲜，无杂异质，无损伤。

1915年，坦洋工夫红茶获巴拿马太平洋万国博览会金奖。1960年，坦洋工夫红茶年产量达到2500吨。

因为有坦洋工夫红茶，2014年，坦洋村被列入第三批中国传统村落名录，2019年入选第七批中国历史文化名村。

28. 长嘴壶茶艺

长嘴茶壶是中国茶具的奇葩，长嘴壶茶艺是以长嘴壶注水冲茶，后来发展成长嘴壶冲茶表演。

无论家用还是普通茶馆用茶壶，壶嘴一般只几寸长。长嘴茶壶为铜壶，壶嘴长达 1 米甚至更长。

长嘴茶壶起源于何时何地，尚未见文献记载，一般认为最早出现于四川茶馆。在四川，壶嘴也有一个逐步加长的过程。从清末民初到 20 世纪 60 年代，成都茶馆一般用一尺到一尺五寸长的长嘴铜壶，后来逐步发展到使用 1 米长的长嘴茶壶。

用长嘴茶壶为客人冲茶，是四川茶馆的一景，很有观赏性，也具有实用性：长嘴壶高高举起，热水远远射出，增加水的冲力，茶叶在沸水中极速翻滚，快速舒展，茶叶中的有效物质能更迅速析出，而且开水经过长长的壶嘴及较长距离的喷射，水温有所降低，方便品饮。

如今，长嘴壶茶艺，已不仅仅作为一种技艺在茶馆里使用，而常常作为一种艺术在舞台上表演。舞台上表演的长嘴壶茶艺，壶嘴更长（大都超过 1 米），动作更夸张、更系统，也更具观赏性。

延伸阅读

长嘴壶茶艺表演的十八种招式（凤舞九天）

玉女祈福 —— 玉女轻纱舞和风，寻芒漫步意悠悠

春风拂面 —— 巍峨蒙顶春意浓，蒙山滴翠漾春风

回眸一笑 —— 蒙山仙女笑颜开，白云满碗花徘徊

怀中抱月 —— 疏星淡月渐生晕，悟彻元始妙无形

观音掂水 —— 闲观玉碗腾云篆，漫理玄思逐海帆

蜻蜓点水 —— 羌江河上雾茫茫，蒙顶茶香韵味长

织女抛梭 —— 玉女闻香纱起舞，霓裳雾里捧香茶

凤舞九天 —— 五峰飞策云生袖，雾罩茶行笼薄纱

喜鹊闹梅 —— 唯有蒙茶掩众芳，清香四溢满厅堂

木兰挽弓 —— 木兰坠露香微似，瑶草临波色不如

丹凤朝阳 —— 朝阳露面笑声华，灿烂文化铸辉煌

孔雀开屏 —— 仙茶独数蒙山好，五大淑茗放异花

借花献佛 —— 露芽新摄手亲煎，散花随手便成春

反弹琵琶 —— 薄肤纤涩春欲脆，朝夹初凝露华酽

凤凰点头 —— 玉女捧茶迎远客，五洲四海齐声赞

贵妃醉酒 —— 色淡香长品自仙，梦醒甘回两颊涎

百鸟朝凤 —— 奇竹交萌鸟飞翔，而今甘露溢清香

鱼跃龙门 —— 蒙山雀舌土争尝，玉蕊当时处处香

龙行十八式

第一式　蛟龙出海

第二式　白龙过江

第三式　乌龙摆尾

第四式　飞龙在天

第五式　青龙戏珠

第六式　惊龙回首

第七式　亢龙有悔

第八式　玉龙扣月

第九式　祥龙献瑞

第十式　潜龙腾渊

第十一式　龙吟天外

第十二式　战龙在野

第十三式　金龙卸甲

第十四式　龙兴雨施

第十五式　见龙在田

第十六式　龙卧高岗

第十七式　吉龙进宝

第十八式　龙行天下

29．中甸茶会

中甸茶会在哪里？现在的行政区划中既无中甸县，也没有中甸乡或镇。不过，云南香格里拉市原名中甸县。因为藏语称"中甸"为"建塘"，现在香格里拉市政府所在地即建塘镇，香格里拉市下辖乡镇中还有"小中甸镇"。

中甸茶会是香格里拉市藏族未婚青年自发举行的赛歌晚会。中甸一带，藏语称"茶会"为"扎礼"，意为请喝酥油茶的聚会。茶会一般在节日或农闲时举行，参加者为未婚青年男女。聚会时，主人在火塘边备有酥油茶和糯米酒，边唱边喝。先唱寒暄歌，后唱情歌。双方连歌时，接不上者为败。茶会上，交际语言委婉谦和，体现了藏族人民谦逊好客的美德。许多藏族青年通过茶会这一交际活动，找到满意的他或她，缔结幸福美满的姻缘。

茶坛异事

茶坛异事

茶坛异事

任何神话都是用想象和借助想象以征服自然力，支配自然力，把自然力加以形象化。[1]

—— 马克思

神话是众人的梦，梦是众人的神话。[2]

—— 约瑟夫·坎贝尔

1. 神茶器

陆羽《茶经》引述《广陵耆老传》一个故事："晋元帝时，有老姥每旦独提一器茗往市鬻（yù，卖）之。市人竞买。自旦至夕，其器不减。所得钱散路傍孤贫乞人，人或异之。州法曹[3]絷[4]之狱中。至夜，老妪执所鬻茗器从狱牖中飞出。"这位

1｜［德］马克思：《〈政治经济学批判〉导言》。

2｜［美］约瑟夫·坎贝尔：《千面英雄》，浙江人民出版社，2016年2月版。

3｜法曹，掌司法的官吏。

4｜絷，音zhí，拴，捆。

老太婆是位神异之人，她早在晋朝就开始卖茶汤了。她一大早就提着茶壶在街市上卖茶汤，百姓纷纷购买。她的茶壶就像魔术师手中的瓶子，从早卖到晚都还能倒出茶汤来。老妪更是大善人，卖茶汤收到的钱都散给路旁孤苦贫穷的老人、儿童和乞丐。官府将她抓到狱中，她提着茶壶趁夜从监狱的窗户飞出，不知所踪。

2．丹丘大茗

浙江余姚有个叫虞洪的人，他进山采茶，遇到一个道士。道士牵着三青牛，引虞洪到瀑布山说："我是丹丘子。听说你很会煮茶，很想尝尝你煮的茶。这山里有大茶树，你可以进山采摘。希望你以后有了多余的茶，别忘了给我一些。"虞洪果然在山里发现了大茶树。后来，他一直以茶祭奠丹丘子。后人将余姚山里的茶称为"丹丘大茗"或"丹丘茗"。这则故事出现在晋代人王浮撰写的《神异记》中。

王浮是晋朝的道士，他的《神异记》只有400余字，包含几则志怪故事。王浮曾写《老子化胡经》，编造老子西行出关，过西域，到印度等国，教化浮屠属弟子。他编这个故事是要说明：道教早于佛教，佛教源于道教。王浮也因此受到佛教徒的强烈反对，《老子化胡经》在唐朝就被禁了。

显然，丹丘子并非实有其人，他是道家虚构出来的神仙，称丹丘子、丹丘生、丹丘羽人等。《神异记》只写了三则小故事，其中两则与茶有关，而且是第一次写到具体的名茶。虞姓是那时余姚的大姓。2008年，在浙江余姚的瀑布岭发现了树干高大的古茶树。这是否说明余姚人虞洪上山采茶遇仙，最终发现大茶树的故事虽为虚构，但有一定的事实依据？也许正因如此，志怪文章《神异记》为历代茶学者所重视，陆羽《茶经》和《顾渚山记》中多次提到这个故事，后世茶学家也不断引用它，长篇小说《茶人三部曲》之三《筑草之城》也引用了这个故事。

延伸阅读

秦精大茗

晋孝武时，宣城人秦精，尝入武夷山采茗。忽遇一人，身长丈余，通体皆毛，从山北来。秦精见之大怖，自谓必死。毛人径牵其臂，将至山曲一大丛茗处，放之便去。精因采茗。须臾复来，乃探怀中橘与精，甘美异常。精甚怖，负茗而归。

——（东晋）陶潜《搜神后记》

云台阁道连窈冥，中有不死丹丘生。

明星玉女备洒扫，麻姑搔背指爪轻。

我皇手把天地户，丹丘谈天与天语。

——（唐）李白《西岳云台歌送丹丘子》

神仙疑是丹丘子，年纪高于绛县人。

春去似催花送老，岁荒聊喜麦尝新。

——（宋）刘克庄《自和效颦一首》

3. 报春鸟

南朝梁任昉《述异记》卷上记载："顾渚山有报春鸟，春至则鸣，秋分亦鸣，似鶗鴂[5]之类也。"

《太平广记》卷四六三引《顾渚山记》[6]："顾渚山中有鸟如鸲鹆[7]而小，苍黄色。每至正二月，作声云：'春起也！'至三四月，作声云：'春去也！'采茶人呼为报春鸟。"

4. 眼皮丢地长成茶树

中国佛教有个重要人物，叫菩提达摩，他是南印度人，在南朝时来到中国。他是中国禅宗始祖，民间常称他为达摩祖师，是禅宗的创始人。有关他的传说很多，说他活了150岁，活着时"一苇渡江"[8]，死后"只履西归"[9]，还有就是把眼皮丢在地上，眼皮长成茶树，喝了茶汤能提神，不再打瞌睡了。

南朝梁武帝（502—549年）时，达摩在嵩山少林寺面壁打坐九年，时常为打瞌睡而苦恼，于是将自己的眼皮撕下，丢在地上。不久之后，他丢在地上的眼皮长成小灌木，长出绿叶，他将叶子放到锅中煮开饮用，坐禅时就不再打瞌睡了。这便是部分佛教徒传说的茶树的由来。

5 | 鶗鴂，音 tí jué，即杜鹃鸟。

6 | 《顾渚山记》，陆羽著，已佚失。

7 | 鸲鹆，音 qú yù，亦作"鸜鹆"，俗称八哥。

8 | 传说达摩祖师在江岸折一根芦苇，立在芦苇上渡过长江。另一说，立在一束芦苇上渡过长江。

9 | 意思是：一手拄锡杖、一手提鞋向西归去。

唐宋时期，禅寺僧侣认识到茶有澄神湛虑、畅心怡情、提神醒脑的功能，饮茶可使人进入平静、和谐、专心、虔敬、清明的心灵境界，能为学禅助力，因此禅寺普遍设茶堂，禅的理趣与茶的特性相合相长，对饮茶文化的提升起了很大作用。

5．胡钉铰诗

唐朝有个姓胡的人，家里很穷，"以钉铰为业"，人称"胡钉铰"。"钉铰"是指锅碗盆缸，"以钉铰为业"就是靠修补锅碗盆缸挣钱过日子。这个人称"胡钉铰"的人住在靠近白蘋洲的地方。住宅旁有一座古坟。他每次喝茶，必定把一些茶水洒在坟前，祭奠一下。有一晚，他忽然梦见一个人对他说："我姓柳，生前擅长写诗，也嗜好饮茶。感激你长时期的茶水馈赠，我无以为报，想教你写诗。"胡钉铰一再说："我不行！""我不行啊！"姓柳的坚持说："你想到什么就说什么，应当有所成就。"醒来后，胡钉铰试着构思一首诗，果然如有神助，后来真的能写诗了。时人称之为"胡钉铰诗"。

这是唐末、五代人毛文锡《茶谱》中记载的一件奇异之事，北宋人钱易撰写的《南部新书》也有相似的记载。

这"胡钉铰"还真有其人，真名叫胡令能，是河南中牟县人，生于 785 年，卒于 826 年。《全唐诗》收录胡令能诗四首，宋人计有功编撰的《唐诗纪事》有《胡令能》一篇。从《全唐诗》收录的胡令能四首诗来看，他的诗虽近似于"打油诗"，但构思精妙，生动传神，自有其不凡之处。据说托梦于胡令能的柳姓诗人叫柳恽，是南朝时期的著名诗人，生于 465 年，卒于 517 年，他们相距 300 多年。

胡令能从一位修补匠跻身史上留名的唐朝诗人中，这一大跨度的"变身"是怎么做到的？如今已无考。除了柳姓诗人托梦的传说以外，还有一种传说：胡令能曾做一梦，一白发老者手持利刃剖开他的肚腹，将一卷诗书放于其腹中，之后缝合。他醒后就能口吐珠玑、吟诗作对了。

延伸阅读

《全唐诗》录入胡令能诗四首

小儿垂钓

蓬头稚子学垂纶，侧坐莓苔草映身。

路人借问遥招手，怕得鱼惊不应人。

喜韩少府见访

忽闻梅福来相访，笑著荷衣出草堂。

儿童不惯见车马，走入芦花深处藏。

王昭君

胡风似剑镂人骨，汉月如钩钓胃肠。

魂梦不知身在路，夜来犹自到昭阳。

观郑州崔郎中诸妓绣样[10]

10 | 一作《咏绣障》。

日暮堂前花蕊娇，争拈小笔上床描。

绣成安向春园里，引得黄莺下柳条。

6．饮茶，活到130岁

唐大中三年（849年），东部地区一位僧人来到长安，据说年纪130岁，唐宣宗问他："服用什么药能如此长寿？"僧人回答："我年少时家里贫贱，不知药滋味，只是喜好茶，到哪里只要有茶喝就行。出门时，一天能喝百余碗，平常日子一天不下四五十碗。"唐宣宗赐他茶五十斤，让他住在保寿寺。宣宗还把他饮茶的地方叫作"茶寮"。此事在宋朝钱易撰写的《南部新书》中有记载。

7．四两即为"地仙"

五代毛文锡的《茶谱》写了一个故事：有一个和尚，病了很久，一直怕冷。有一天，他遇到一位老汉，老汉对他说：喝蒙山中顶上的茶可治他的病。这茶要在春分前后采摘，要多费些时间，等待打雷时采摘，春分前后三天之外就不要采摘了。如果获得一两，用当地的水煎后服，能祛除宿疾；二两，可强壮身体，当下不生病；三两，有如脱胎换骨；四两，就会成为"地仙"——人世间的仙人了。

四川雅州（今雅安）的蒙山，有五座山头，称五顶，顶上有茶树。其中的中顶叫上清峰，最为险峻。

听了老人的话，和尚在中顶上建起小房子，住下来等待采茶时机。春分时日，他采得一两余茶，煎煮后饮用，还未喝完病就痊愈了。他回到城里，人们看他的容貌，就像 30 余岁，眉发为绿色。和尚后来到青城山访道士，之后就没人再见到他了。蒙山四座山顶的茶园，年年采摘。唯有中顶险峻，草木繁密，云雾缭绕，鸷鹰野兽时常出没，人迹罕至，中顶上的茶很难采摘到。

8．金沙泉

五代毛文锡撰写的《茶谱》记载："湖州长兴县的啄木岭有金沙泉，这是每年制作贡茶的地方。湖州、常州两州在此接壤，在接壤处建有'境会亭'。每年制作贡茶的时节，两州的州牧都来到这里。金沙泉处在沙地当中，这片沙地平常没有水。准备造贡茶时，州牧摆上祭奠物品、诵读祭文，祭拜泉水。不一会儿，泉水开始涌出，到傍晚时分，泉水清澈充盈。贡茶制造结束，泉水开始减少，撤去祭奠物品，泉水减半。州牧撤离，泉水就枯竭了。"[11]这金沙泉，怪就怪在州牧们祭奠一番它就涌出旺盛的清澈泉水，贡茶制造完毕，泉水就消退。

毛文锡是唐末五代人，生于 9 世纪初。比他早生 100 多年的杜牧，宣宗大中四年（850 年）到湖州任刺史。刺史任内，

---

11 |《茶谱》原文为："湖州长兴县啄木岭金沙泉，每岁造茶之所也。湖、常二郡接界于此。厥土有境会亭。每茶节，二牧皆至焉。斯泉也，处沙之中，居常无水。将造茶，太守具仪注拜敕祭泉，顷之，发源，其夕清溢。造供御者毕，水即微减，供堂者毕，水已半之。太守造毕，即涸矣。"

杜牧写了《题茶山》诗，诗中就写到金沙泉："泉嫩黄金涌，牙香紫璧裁。"诗人在"泉嫩黄金涌"句后特注明"山有金沙泉，修贡出，罢贡即绝"。

明代徐献忠《水品》说："顾渚每岁采贡茶时，金沙泉即涌出。茶事毕，泉亦随涸，人以为异。元末时，乃常流不竭矣。"可见，到元朝末年，金沙泉不再是祭奠时涌出，而是"常流不竭"了。

2020年，笔者曾专程到长兴县探访金沙泉。金沙泉位于大唐贡茶院附近一片茶园中，茶园已被施工围挡围起来，似乎要搞开发。泉水不大，细看可见泉水在缓慢流动。周围荒芜杂乱，可知泉水已不再饮用。泉旁建有"忘归亭"，亭旁有简易石碑，上刻长兴县人民政府的《重建忘归亭记》，亭记由茶学家庄晚芳书写。另一块碑上刻着庄晚芳的诗："顾渚山谷紫笋茗，芳香唐代已扬称。清茶一碗传心意，联句吟诗乐趣亭。"亭记和诗都刻于1984年。

近40年过去了，亭、碑年久失修，碑已破损，字迹依稀难辨。有网文说金沙泉为1984年重拓，是在原址重拓还是另址"重拓"，不得而知。

延伸阅读
喊山泉

武夷御茶园中，有喊山泉。仲春，县官诣茶场，致祭，水渐满。造茶毕，水遂浑涸。此与金沙泉事相类。

——（明）高元濬《茶乘》

喊山台、泉亭故址犹在。喊山者，每当仲春惊蛰日，县官诣茶场，致祭毕，隶卒鸣金击鼓，同声喊曰"茶发芽"，而井水渐满；造茶毕，水遂浑涸。

—— （明）徐𤊹《茶考》

乐音泉

强村有水方寸许，人欲取之，唱《浪淘沙》一曲，即得一杯。味大甘冷，村人名曰"乐音泉"。

—— （唐）冯贽《云仙杂记》引《玄山记》

9. 杵地喷泉

与苏东坡同时代但比苏东坡小 30 余岁的北宋诗人唐庚，写过《卓锡泉记》一文，说南朝梁国的景泰禅师居住在惠州宝积寺，寺旁无水，很不方便，禅师卓锡于地，泉涌数尺，名卓锡泉。卓，是直立，锡，是锡杖，用锡杖杵地，就能涌出泉水，禅师法力神奇啊。

苏东坡有一次到惠州罗浮山，进入宝积寺饮卓锡泉，品其味，认为比江水强多了。他写了《书卓锡泉》，谓景泰禅师直立禅杖于曹溪而有卓锡泉；并应南华寺住持之请，撰写《卓锡泉铭》。

景泰禅师用锡杖杵地涌泉的故事流传甚广，广州的许多道路、地名至今保留着"景泰"之名，如景泰坑、景泰新村、景泰直街、景泰中街、景泰北街、景泰西一巷至七巷、景泰东一巷至四巷等，"景泰僧归"还是广州有名的名胜古迹。

延伸阅读

苏轼卓锡泉二篇

卓锡泉铭并序

六祖初住曹溪，卓锡泉涌，清凉滑甘，赡足大众，逮今数百年矣。或时小竭，则众汲于山下。今长老辩公住山四岁，泉日涌溢，闻之嗟异。为作铭曰：

祖师无心，心外无学。有来叩者，云涌泉落。问何从来，初无所从。若有从处，来则有穷。初住南华，集众浚水。水性融会，岂有无理。引锡指石，寒泉自冽。众渴得饮，如我说法。云何至今，有溢有枯？泉无溢枯，溢其人乎！辩来四年，泉水洋洋。烹煮濯溉，饮及牛羊。手不病汲，肩不病负。匏勺瓦盂，莫知其故。我不求水，水则许我。讯于祖师，有何不同。

——《苏轼文集》第十九卷

书卓锡泉

予顷自汴入淮，泛江溯峡，归蜀，饮江淮水盖弥年。既至，觉井水腥涩，百余日然后安之。以此知江水之甘于井也，审矣。今来岭外，自扬子始饮江水，及至南康，江益清驶，水益甘，则又知南江贤于北江也。近度岭入清远峡，水色如碧玉，味益胜。今游罗浮，酌泰禅师锡杖泉，则清远峡水又在其下矣。岭外惟惠人喜斗茶，此水不虚出也。绍圣元年九月二十六日书。

——《苏轼文集》第七十一卷

10．蛇种茶

江苏宜兴，隋朝时叫义兴县。据《义兴旧志》记载，义兴南岳寺，有真珠泉。稠锡禅师饮后说，用这泉水烹桐庐茶，那是太好啦！没多久，有条白蛇衔茶籽掉在南岳寺前。很快，茶籽长了芽，成了一株茶树。茶树繁衍，很快长成一片茶林。这片茶林的茶味特佳，文士们特喜爱，争相索购，并命名"蛇种茶"。官府听说后，将它作为贡茶，发公函督办，甚至登门催缴，寺僧苦不堪言。宋人郭三益《题南岳寺》诗道出了寺僧的苦恼："古木阴森梵帝家，帘泉一酌试新芽。官符星火催春焙，却使山僧怨白蛇。"

延伸阅读

唐诗描写茶农苦辛

氓辍耕农末，采采实苦辛……阴岭芽未吐，使者牒已频。

——（唐）袁高《茶山诗》

山上群仙司下土，地位清高隔风雨。安得知百万亿苍生命，堕在巅崖受辛苦。

——（唐）卢仝《走笔谢孟谏议寄新茶》

11．碧螺春传说

碧螺春产于苏州太湖的东洞庭山及西洞庭山一带，又称"洞庭碧螺春"，已有1000多年历史，是我国传统名茶。"碧螺春"这名字很特别，与其他茶名不一样。为什么会取这样美的名字？无考，但有两则传说。

其一，来源于叫碧螺的美丽善良姑娘。洞庭西山住着一位漂亮善良的会唱歌的姑娘，乡亲们都爱听她唱歌，洞庭东山的青年渔民阿祥更是对她的歌声着了迷。

突然，太湖出现了一条恶龙，它蟠住湖山，强迫人们为它建庙宇，要求每年挑选一个少女做它的"太湖夫人"。村民不愿送它少女，恶龙便劫走了碧螺姑娘。阿祥为救碧螺，手执利器与恶龙大战七个昼夜。阿祥与恶龙都负了重伤，倒在洞庭湖畔，闻讯赶来的村民杀了恶龙，救回了阿祥。阿祥身负重伤，奄奄一息。被救出来的碧螺为报答阿祥的救命之恩，把重伤未醒处于昏迷中的阿祥带回家中，照顾他，想方设法为他治伤。她到处寻找草药，有一天发现阿祥与恶龙交战时血流之地长出一株小茶树，枝繁叶茂。碧螺将这株小茶树移植到洞庭山上，精心护理。第二年清明节前，阿祥汤药不进，身体异常虚弱。束手无策之时，碧螺猛然想起那株阿祥的鲜血育成的茶树。她到山上一看，茶树长出了鲜嫩的芽叶。她摘回鲜嫩的茶芽，泡成翠绿清香的茶汤，灌入阿祥口中。多日药水不进的阿祥，居然饮下一大碗茶汁！接下来几天，阿祥喝了茶汤，开始有了些精神。碧螺每天清晨上山采茶，回来一片片揉搓焙干，泡成香茶，再煮出汤汁让阿祥饮用。阿祥的身体慢慢复原了，碧螺却因太累，一天天消瘦下去，渐渐失去元气，憔悴而死。

阿祥怎么也没想到，自己得救了，碧螺姑娘却离他而去。他悲痛欲绝，与众乡邻将碧螺葬于洞庭山上的茶树之下。这株奇异的茶树很快繁衍成一片茶林。后人采下茶的芽叶，制成条索纤秀弯曲似螺的茶粒，它色泽嫩绿，清香幽雅，汤色清澈碧绿。人们把这凝结着阿祥鲜血和碧螺姑娘一片深情的茶叫作碧螺春茶。

其二，源于清朝的康熙皇帝赐名。碧螺春茶，原本叫"吓煞人香"茶。为什么叫这么怪的名字？又有两种说法。一种说法是：人们在洞庭东山的碧螺峰上发现了一种野茶，便采回来饮用。有一年，野茶产量特多，竹筐装不下，便把盛不下的茶放到怀里。茶叶在怀中沾了热气，透出阵阵异香，采茶姑娘都嚷嚷："吓煞人香！"这"吓煞人香"是苏州方言，意思是香气异常浓郁。于是众人争传，"吓煞人香"便成了茶名。另一种说法是：有一个尼姑上山春游，顺手摘了几片野茶树叶，回家泡茶后奇香扑鼻，脱口而道"香得吓煞人"！由此当地人便将此茶叫作"吓煞人香"。清康熙三十八年（1699年），康熙皇帝南巡到太湖，品尝了"吓煞人香"茶，认为"吓煞人香"这个名字不雅，便赐名为"碧螺春"，此名一直沿用至今。

12. 竹泉

湖北松滋有座苦竹寺，寺内有泉叫"竹泉"，其得名与北宋大文豪黄庭坚有关。黄庭坚是跟苏东坡齐名的北宋文学家、书法家，他被贬赴黔州时，途经松滋，投宿一草庵，庵中住持通慧，热情招待。饭毕，黄庭坚见香炉中倒插着一支中楷狼毫，不觉蹊跷，近前一看，不觉大惊。他拱手道："敢问长老，此笔从何而来？"通慧说是他掘井得到。黄庭坚说："这笔很像我遗失之笔。"通慧取下狼毫，让黄庭坚细看。黄庭坚指着笔管末端隐约可见的"山谷"二字让长老看："这便是晚生敝号。"（黄庭坚号"山谷道人"）通慧问黄庭坚在哪儿丢的笔，黄庭坚说："蜀中蛤蟆碚。"蛤蟆碚，在宜昌西北的灯影峡，因江边有一块巨石嶙然挺立，状如蛤蟆。一股清泉从巨石后面经过状如蛤蟆口的石洞流入江中，此泉烹茶极佳。唐朝张又新《煎茶水记》曾引茶圣陆羽之言说："峡州扇子山下有石突然，泄水独清冷，状如龟形，俗云蛤蟆口水，第四。"这说的正是蛤蟆石的泉水。因当时宜昌属四川，故称"蜀中蛤蟆碚"。一日，黄庭坚写罢字，在蛤蟆碚洗笔，笔不慎坠入井中。没想到竟然在这里见到了它！通慧想："蜀乡遗物，楚地复得，莫非吾井与蜀中泉脉相通？"于是叫人从井中打来水。黄庭坚连品数口，果然与蛤蟆碚的泉味相同。

通慧要将笔奉还黄庭坚，黄庭坚却将笔赠予通慧。送走客人，通慧颇为感叹，他踱至井边，将笔插入井畔湿润之地。不承想，这笔后来竟然由黄泛青，很快长出芽来。没几年，泉旁长成一片竹林。这竹也怪，只在井旁生长，移至他处则不复生。乡人闻知此事，有感于此笔从千里之外艰苦流至此，故称之"苦竹"。通慧长老乃四方化缘，重修寺院，命名"苦竹寺"。寺旁之泉，人称"竹泉"。

黄庭坚有诗"松滋县西竹林寺，苦竹林中甘井泉。巴人漫说虾蟆碚，试裹春芽来就煎"，似乎佐证了这一传说。

南宋人王象之，节录数以百计的地方志，编撰了《舆地纪胜》一书，书中便有松滋和尚通慧浚井得笔及黄庭坚认笔之事。

13．琛瓯洗尘

瓯，是敞口小碗，用来饮茶或喝酒，《说文》："瓯，小盆也。"传说古时景德镇有一位叫若琛的人，他做的茶具远近闻名、美观耐用。有个巫师很不喜欢若琛，他念了一道毒咒，毁坏若琛做的所有茶具，还让若琛和其他人再也做不出好茶具。解开这道咒语，需有一名年轻人投入烧茶具的炉火中。若琛很勇敢地投身到熊熊炉火中，咒语解开了。茶具恢复原样，炉子又能烧制出茶具了。为了纪念他，人们将招待客人时饮用的第一轮茶叫"琛瓯洗尘"——宴请刚从远道来的客人叫"洗尘"，"琛瓯洗尘"就是用茶水招待远来的客人，也有人把工夫茶道中 18 道程序中的一道称为"琛瓯洗尘"。

14．"猴公茶"的传说

福建省南靖和漳平交界的朝天岭一带，流传着这样一句话："茶数白毛猴，猴公胜白毛。"这里讲到两种茶：白毛猴茶、猴公茶。白毛猴茶原产于福建政和县，当地又称"白猴"，因形似毛猴而得名。"猴公茶"传说产于朝天岭，它比白毛猴茶更优质，冲泡后，百步外就能闻到馥郁的茶香，入口则满嘴清香，一下咽更是沁人心脾。

朝天岭高入云端，奇峰叠翠，周边多悬崖峭壁，常年云雾缭绕。相传很久以前，这里聚居着大群猴子，自然形成了猴子王国。

朝天岭山脚下，星罗棋布般散住着几十户农家。当中有一位勤劳善良的老阿婆，她孤身一人，以替人接生助产、做针线活为生。她心地善良，乐于助人，是方圆数十里内人人赞扬的好阿婆。

在一个寒冷的夜晚，阿婆早已入睡，忽听急促的敲门声，阿婆心想，肯定又是谁家媳妇难产了，于是一骨碌爬起来，边穿衣服边去开门。打开门一看，门外站着一只黑毛猴子，没有任何人。阿婆吓了一跳。那猴子用祈求的眼神直直地望着阿婆，嘴里吱吱呀呀叫个不停。阿婆听不懂黑猴的话，看它无恶意，便壮着胆子说："我这儿没有给你吃的东西，你走吧！"说着就要关门。

黑猴急了，上前一步抓住阿婆的衣角就要往外走，还比画着上山的方向。阿婆想：莫非母猴子病了？她犹豫了好一会儿，在黑猴的拉扯下，关上门跟着黑猴走了。猴子在前，阿婆在后，在月光下走过弯弯绕绕、高低不平的山路，来到朝天岭的一处岩洞口。刚到洞口，就听到母猴痛苦的尖叫声。阿婆来不及考虑，跟着黑猴钻到洞里。过了好一会儿，阿婆才就着洞口的月光，看见正在呻吟打滚的母猴，大概是难产了。阿婆蹲下身子，拍拍母猴，让它躺好。她一只手摸着母猴的肚皮，轻轻地揉推，另一只手慢慢地伸进母猴肚子里，当摸到小猴子头部时，轻轻地拽它的头，缓缓地往外拉——小猴子出生了，母猴眨眨眼睛，安静了下来。猴公先是一蹦一跳，很高兴的样子，接着不知从哪儿学来人的样子——双腿一跪，向阿婆连连叩了几个头。阿婆要回家时，猴公从洞穴里取来一个小包，塞给阿婆。阿婆打开一看，像是茶籽，她接下了。回到家，阿婆撒种在房屋边的山坡上。不久，茶籽发芽了，两三年后长成一片枝繁叶茂的茶林。

阿婆用这茶叶泡水招待乡亲们，大家都说从来没有喝过那么好的茶——清香、甘凉，余香悠长，便问这是什么茶。阿婆说：这是朝天岭上的猴公送的！后来，阿婆和乡亲们把茶籽种遍了朝天岭适宜种茶的地方，并且叫它"猴公茶"。

域外茶语

域外茶语

域外茶语

茶为食物，无异米盐，于人所资，远近同俗。[1]

——李珏

华夷蛮豹，固日饮而无厌；富贵贫贱，亦时啜无厌不宁。[2]

——梅尧臣

1. "饮茶皇后"

英皇查理一世被资产阶级革命推翻，1649 年被推上断头台。内战之后是共和、军人独裁，1660 年英皇复辟，查理一世的儿子继承王位，史称查理二世，他 1662 年娶葡萄牙公主凯瑟琳为皇后。凯瑟琳丰厚的嫁妆中有 221 磅金银般昂贵的中国茶叶。221 磅，大体有 100 公斤，都是中国红茶。她酷爱中国红茶，在葡萄牙喝，到英国也喝；在后宫喝，在宴会上也喝。

宫廷宴会上，宾客们向皇后敬酒，皇后杯中盛的不是酒，

---

1 |（唐）李珏：《长庆元年左拾遗李珏奏表》，见《旧唐书·李珏传》。

2 |（宋）梅尧臣：《南有嘉茗赋》。

而是琥珀色的中国红茶。高贵无比、美丽优雅的凯瑟琳皇后爱喝中国红茶，不仅自己喝，还用来招待皇亲、贵妇们，中国红茶很快成为英国上流社会的名贵饮品。凯瑟琳因此获得"饮茶皇后"的雅号。1663 年，在凯瑟琳 25 岁生日亦即结婚周年纪念日上，英国诗人埃德蒙·沃勒（Edmund Waller）写了一首赞美诗《饮茶皇后之歌》，称颂皇后与茶是"世之双娇"（The best of Queens, and best of herbs）。这是英国历史上的第一首茶诗，"饮茶皇后"因诗而闻名，诗也因"饮茶皇后"而流传。茶虽然在凯瑟琳嫁到英国之前已传入英国，但销量不大，饮茶人不多。是凯瑟琳皇后让茶成为英国上流社会进而成为整个英国社会最流行的饮料。

2. 英式下午茶

茶传入英国后，饮茶并无定俗，可以在一天中任何时候喝，如"早餐茶""上午茶""晚茶"等，礼仪也不甚讲究。

"下午茶"（Afternoon Tea）的流行与英国饮食习惯的改变有关，也与英国第七代别克福特公爵夫人安娜·玛丽亚（Aana Maria）的首创与倡导分不开。工业革命时期，英国人早上 10 点左右吃一顿丰盛的早餐，中午是一道简餐，晚上 6 点后是豪华的晚餐。进入 19 世纪，英国的早餐时间提早，晚餐则推迟到 7 点半以后，晚餐之前有很长一段时间，需要补充些食物。安娜夫人在"小午餐"到晚餐之间漫长的七八个小时中感到疲惫虚弱。为了消除不适，她让仆人拿一壶茶和一些小点心到她房间，她发现这种下午茶安排十分惬意。很快，她就邀请朋友和她一起喝下午茶。不久，伦敦上流社会都沉迷于这种"下午茶"活动：三五人聚在一起喝中国红茶，吃些小点心，高谈阔论，非常开心。很快，"下午茶"成为风行全英国的礼仪，上流社会的"下午茶"成为一天之中聚会、交际的最好时机。

英国的"下午茶"并非只是喝茶，它是介于午餐（或"小午餐"）与晚餐之间的简餐，一杯红茶，外加黄油、面包、三明治或蛋糕之类的点心，也可以有咖啡、巧克力。英式"下午茶"分为 low tea 和 high tea 两种，贵族或上层社会一般食用 low tea，它一般指午饭后、离午饭时间不远的"下午茶"，茶点一般是三明治、小煎饼；劳工阶层多食用 high tea，它一般指晚饭前的茶点，多以肉食为主。

3．欧洲禁茶运动

茶在市场上的迅速崛起，使其他饮料备受威胁，英国政府也由于酒类营业税收的减少而不高兴。

1675 年，英皇查理二世以咖啡馆已成暴动分子聚集场所为由，宣布禁止任何人开咖啡馆或贩卖茶、咖啡、巧克力等，由于这项法律引起人民强烈反感，后来并未严格执行，再加上英皇查理二世的皇后对茶酷爱，这项法律最后不了了之。但是，各界人士之间为此展开了笔战，通过争论，茶对英国人的文化和生活习惯的影响也就越来越大。

茶叶传入英国初期，医药界、宗教界、文化界都有一些人极力反对饮茶。1694 年，英国剧作家孔格雷夫（1670—1729年）创作了《双重买卖人》，把茶叶和丑行相连。1701 年在阿姆斯特丹上演的《茶迷贵妇人》话剧、英国斯忒利（1671—1729年）刊行的《饶舌家》、阿智松编辑的《观察家》日报发表的《葬礼》，都诋毁饮茶。1730年苏格兰医生少德在伦敦发表的《茶论》、1735年杜哈尔德神父在巴黎出版的《中国记》、1745年马孙发表的《茶之好果与恶果》，都论及茶。1748年，著名宗教改革家惠斯利与友人论茶书，长达16页，攻击饮茶。惠斯利从此戒饮茶达12年之久，后经医师劝告才恢复饮茶。1756年，伦敦商人汉威发表《论茶》说："茶危及健康，妨害实业，并使国家贫弱。茶为神经衰弱、坏血病及齿病之源。"该文还说茶叶每年带来的总损失，估计达166666英镑。

4.格雷伯爵茶

格雷伯爵茶是世界上少有的以人名命名的茶，它以红茶为茶基，用芳香柑橘类水果——佛手柑外皮中提取的油调制而成，具有特殊香气，味道柔和清新，是全球最受欢迎的调味茶之一。佛手柑是一种宜人的中国柑橘，传说清朝的慈禧太后在宫中大量使用芳香水果尤其佛手柑代替香料，这一传说让这种调味茶带上了些许东方皇家的神秘色彩。

格雷伯爵茶又称"伯爵茶"，它源于英国查尔斯·格雷（Charles Grey）伯爵，此人于1830—1834年任英国首相。关于此茶是怎么出现的，并无确切说法，流传比较广的两种传说是：第一种，格雷伯爵任首相时，曾派外交使团前往中国，其使节救了一位中国茶叶商人儿子的命，为此差点儿溺水而亡，

茶叶商人送上此茶配方以感谢首相大人；第二种，伯爵家饮用
水的水质太硬，伯爵家专门调制了这种柑橘味的茶以适应家里
的水，让泡出的茶更好喝。

　　这种茶调制出来后，格雷伯爵非常喜欢，他要求他的茶商
川宁（TWININGS）公司专门为他调配这种茶。伯爵总是用这
种茶招待客人，前来拜访的客人都喜欢这种茶，并询问在哪里
可以买到。伯爵介绍他们到 Strand 区的川宁店购买，这种风味
的茶因此很快流行起来，人们称之为格雷伯爵茶。

　　格雷伯爵茶现已是一类茶的通称，而且已非 Twinings 公司
专享，许多公司都生产这一类调味茶。除红茶外，还有很受欢
迎的类似伯爵茶的绿茶。

5. 吃茶叶

　　杨绛是文学翻译家、外国文学研究家，她的《喝茶》一文
写得颇有趣，开篇就说洋人不是喝茶而是吃茶叶："曾听人讲
洋话，说西洋人喝茶，把茶叶加水煮沸，滤去茶汁，单吃茶
叶，吃了咂舌道：'好是好，可惜苦些。'新近看到一本美国人
做的茶考，原来这是事实。茶叶初到英国，英国人不知道怎么
吃法，的确吃茶叶渣子，还拌些黄油和盐，敷在面包上同吃，
什么妙味，简直不敢尝试。以后他们把茶当药，治伤风，清肠
胃。不久，喝茶之风大行。1660 年的茶叶广告上说：'这刺激
品，能驱疲倦，除噩梦，使肢体轻健，精神饱满。尤其能克制
睡眠，好学者可以彻夜攻读不倦。身体肥胖或食肉过多者，饮
茶尤宜。'"

西洋人不喝茶而吃茶，茶叶冲泡之后，只吃泡过的茶叶。乍听喷笑，细思不然。茶叶是可以吃的。茶叶含有很多营养成分，有的可溶于水，如儿茶素、维生素 C、氨基酸等，喝茶水就能吸收；还有的营养成分如维生素 E、胡萝卜素、矿物质、叶绿素等，属脂溶性营养，冲泡茶都浪费掉了，吃茶叶、吃冲泡过的茶叶，则能够获得并吸收一部分。唐宋时期，把茶叶碾成茶末，烹煮、点冲它，像喝粥一样把它吃掉，还有日本的抹茶，都是把茶叶连水全部吃掉。现在，把茶叶碾成末，做成糕点、馒头，还有茶叶宴，把茶叶做成美味佳肴，都是吃茶。

延伸阅读

茶叶宴

把茶叶做成美味佳肴，一桌宴席十几个菜，每道菜都有茶叶原料，这种茶叶宴在我国云南、贵州、台湾、江浙、北京甚至陕南都有。若汇总各地的茶叶菜谱，大概有百十种，如绿茶沙拉、茶水卤拼、凉拌鲜茶尖、红茶虾仁、茶香排骨、茶香黄金大排、鲜茶叶炒瘦肉、茶熏猪肉、茶叶丸子、红茶扣肉、红茶熏鸡、茶叶炖土鸡、茶花鸡枞汤、祁门红茶鸡丁、白毫乌龙茶炖牛肉、香片蒸鳕鱼、茶园涮锅鱼、冻顶茶酿豆腐、茶末炖豆腐、松仁茶肚、茶叶鸡蛋饼、红茶洋芋片、茶园烧肉荞米线、客家擂茶粥、茶叶小笼包，还有用绿茶粉和糯米做外皮，包上新鲜的杧果，名曰"贡山茶相恋"，又香又甜。还可以喝茶酒，将酒香与茶香融于一杯之中。

6．日本茶道

茶道是烹茶饮茶的艺术、礼仪。日本茶道是日本国内流行的一种仪式化的、为客奉茶的形式。日本茶道源于中国，主要由浙江的径山茶宴演化而来，应该说唐宋时期的煎茶、点茶以及明朝开始的泡茶都对日本茶道有影响，但无论古代、现代，我国的茶道都没有日本茶道系统、繁杂和高度仪式化。

日本茶道不仅讲究饮茶场所，更有烦琐的规程，茶叶要碾得精细，茶具要擦得净亮，主人的动作要规范，既有舞蹈的节奏感和飘逸感，又要准确到位，追求仪式化，观赏性与礼仪感都很强。日本茶道的茶师需按规定动作点炭火、煮开水、冲茶，或者煮抹茶，依次献给宾客；客人需恭敬地双手接茶，先致谢，三转茶碗，轻轻地品尝，慢慢饮用，恭敬地奉还茶碗。点茶、煮茶、冲茶、献茶，是茶道仪式的主体部分，技术性强，需进行专门训练。饮茶完毕，客人要对各种茶具进行鉴赏，赞美一番。离开时，客人向主人跪拜告别，主人则热情相送。

日本茶道是在"日常茶饭事"基础上总结提升而形成的。它将日常生活与宗教、哲学、伦理和美学联系起来，成为独具日本风格、闲寂空幽的茶道。十五六世纪，村田珠光、武野绍鸥、千利休等人对日本茶道的形成做出了突出贡献。村田珠光是日本茶道的开山鼻祖，他完成了茶道从追求饮茶形式到追求精神解脱的过程。武野绍鸥将日本歌道中"淡泊之美"思想引入茶道，对村田珠光的茶道进行了补充完善。武野绍鸥的弟子千利休则使茶道彻底地贯彻了草庵的幽寂特性，摈除了村田珠光及之后加入的繁文缛节，使茶道摆脱了物质因素的束缚。日本茶道从一定意义上说也起源于"禅"——茶道的礼法（礼仪和规则），来源于禅宗的"清规"；茶道的思想，植根于禅宗的"向心求佛"。千利休提出的四规——"和敬清寂"被奉为现代日本茶道之精神。"和"提倡平等和谐，"敬"指尊敬长辈、敬爱朋友，"清"指洁净幽寂、心平气和，"寂"指抛却欲望，闲寂。千利休实为日本现代茶道的集大成者。

冈仓天心在《茶之书》中说："本质上，茶道是一种'残缺'的崇拜，是在我们都明白不可能完美的生命中，为了成就某种可能的完美，所进行的温柔试探。"

7．日本抹茶

日本抹茶源于中国。唐宋时期，茶是煮来吃的，鲜嫩的茶叶采摘后，用蒸汽杀青，然后压成茶饼运输保存，食用前将茶饼烘焙干燥，用碾或磨将茶碾磨成粉末，煮后食用，当时称为末茶。荣西禅师（1141—1215年）曾两次到浙江天台山参禅修行，他不但将中国茶种带回日本，还将中国的碾茶制造法和末茶煮饮方式传到日本。荣西禅师著有《吃茶养生记》一书，实为日本抹茶的开山鼻祖。

日本抹茶源于中国的末茶又有别于末茶，在种植、采摘、加工方面都做了改进。抹茶用的茶叶是在宇治地区特别栽培的绿茶，茶叶采摘前大半个月要遮阳覆盖，不得见光，采摘后要经过蒸汽杀青、入烘焙炉烘干、切割碾碎等工序。最后也是最重要的一道工序是碾磨，要用天然石磨精磨加工，真正的慢工出细活。据说一台石磨每小时只能生产 40 克。这样的茶末，既保存了茶叶中的维生素，又没有苦涩味，口感更好。

在日本，好的抹茶原料都出自宇治地区。"宇治"二字就是"血统纯正"的标志。当然价格不菲。

日本抹茶除了"把散茶连茶带水全吃掉"之外，还广泛用于食品、保健品、化妆品等行业，抹茶食品有抹茶冰激凌、抹茶馒头、抹茶包子、抹茶蛋糕以及抹茶饮品，大受抹茶控欢迎。

8. 《吃茶养生记》

《吃茶养生记》是日本第一部关于茶的著作，共二卷，作者为荣西。荣西生于 1141 年，卒于 1215 年，14 岁落发为僧，两次进入宋朝留学，将禅传入日本，是日本禅宗的开拓者。他将茶树种子带到日本种植，在日本推广和普及饮茶，有日本"茶祖"之称。

荣西在《吃茶养生记》绪论中写道："茶也，末代养生之仙药，延龄之妙术也。山谷生之，其地神灵也。人伦采之，其人长命也。"此书撰写于 12 世纪末 13 世纪初。那时日本国内动乱频仍，佛门也纷乱四起，寺与寺之间争战不息。荣西禅师感到仿佛末世来临，故在书中称当时为"末世"。他认为吃茶可使世人安心静思，强身健体，消除杂念，有益于摆脱乱世苦恼。

《吃茶养生记》篇幅不长，不到 5000 字，有两个版本，一个版本刊行于 1211 年，另一个版本刊行于 1214 年，通常称前者为初版，后者为修订版。书分为上下两卷，上卷是《五脏利合门》，从五脏调和的生理角度展开，将佛教教义与世俗的医学理论融为一体：万病起于心，茶能治心之病。下卷是《遣除鬼魅门》，以驱除外部入侵病因的病理学观点为立论之本。荣西在书中论述了茶的药物性能，甚少提及吃茶方法和茶饮之思想性。

9. 茶室为"不全之所"

日本冈仓天心的《茶之书》专门有"茶室"一节。他所说的茶室是独立成间的，不是在客厅中隔出来的区间（他认为这应该叫"围间"）。冈仓天心认为，茶室应该是简洁朴素的，"除了满足当下所追求的美感之外，便完全不做多余装饰摆设"，"茶室确实是间'虚空之所'，就它刻意留下一些未竟之处，交由想象力来补充"，"作为一处崇拜'缺陷'的圣地"。因此，茶室确实是间"不全之所""时兴之所"。

茶室要简单，给人以"残缺"感，才更具禅味。早在冈仓天心之前 400 多年，村田珠光便强调了茶室的草庵风格，他追求"草屋前系名马，陋室里设名器"的风趣。

我国明代许次纾《茶疏》有"茶所"一节，也强调小、别致，要有茶几等，方便搁物，其他都不需要了。

10. 淋汗茶会

泡完澡之后，大汗淋漓、五体通泰、神清气爽的时候，大家在一起品茶聚会，高谈阔论，这种聚会称为"淋汗茶会"。"淋汗茶会"出现在日本室町时代（1336—1573 年）的中后期，以奈良的古福寺为中心，蔓延全日本。"淋汗茶会"在本质上与书院茶道的形式没有什么区别，只是将"书院"的场景搬到了泡汤的场所而已。

室町时代，相对于各种由皇室、贵族、武士、僧侣、富人垄断的主流的茶事活动，由平民百姓组织的饮茶会——"云脚茶会"开始出现。在这些平民茶会中，奈良的"淋汗茶会"非常著名。不过，"淋汗茶会"也并非全都是平民茶会，奈良的富豪、兴福寺信徒古市播磨澄胤就经常在他的馆邸组织"淋汗茶会"。从 1467 年开始的十年间，古市播磨澄胤每年都要举办盛大的"淋汗茶会"。1469 年，他在 5 月、7 月、8 月三个月中共举办了 12 场"淋汗茶会"。举办茶会之日，古市家的佣人早早准备好泡澡水，客人一到，先请最为尊贵的客人入浴，然后是古市家人和客人共 150 多人一起集体入浴，最后是佣人入浴。泡澡之后，大家进入浴池边的茶席品茶吃点心。

"淋汗茶会"的茶室建筑采用草庵风格，用柏树皮做屋顶，以竹子做梁柱，拿带着树皮的原木做桌子和橱架。这种古朴粗犷的乡村建筑风格，成为后来日本茶室的基本风格。

延伸阅读
云脚茶会

应永二十四年（1417 年），一种由一般百姓主办、参加的云脚茶会诞生。云脚茶会使用粗茶，并伴随酒宴等活动，是日本民间茶活动的肇始。云脚茶会因为其自由、开放、轻松和愉快的特点而受到人们的欢迎，在室町时代后期，逐渐取代了烦琐的斗茶会。

11．把"夜壶"当"茶壶"进献

日本有个叫"纳屋助左卫门"的人，他在吕宋（今菲律宾）发了财，后回到日本。"纳屋"是姓，翻译成中文是"仓库"的意思，这是以职业为姓氏，其父辈是开仓库的。他回到日本后，觉得"纳屋"这个姓氏不够高贵，改名为"吕宋助左卫门"，将吕宋国名作为他的姓，看来是发了大财的，气魄挺大。

吕宋助左卫门通过各种关系，终于见到了当时权倾一时的丰臣秀吉，俯首低眉，进献带回来的50个吕宋壶和一批蜡烛、麝香、唐伞、香料等洋货珍品。丰臣秀吉非常喜欢这些奢侈品，并把他珍爱的吕宋壶分赐给各大名（大名，日本古时对领主的称呼）。丰臣秀吉给予吕宋助左卫门很高的回报，让沿海各大名对吕宋助左卫门网开一面，必要时予以保护和帮助。吕宋助左卫门很快拥有了6艘货船，成为400多名在吕宋日本商人的首脑。他在堺港这个港口城市建起了远超其身份的欧式大别墅。后来，有人告发了吕宋助左卫门，罪状之一是将东南亚地区民宅使用的夜壶——吕宋壶当作珍贵茶壶进献给丰臣秀吉。丰臣秀吉大怒，要严厉惩治吕宋助左卫门，但吕宋助左卫门得到消息，他将在堺港的豪华别墅捐给寺庙，只身逃到了柬埔寨。

如今，在日本大阪的堺市，在菲律宾首都马尼拉都竖着吕宋助左卫门的铜像。

12．御茶渍

日本的"御茶渍"，堪称"国民餐"，几百年来深受日本国民喜爱。周作人的《知堂文集》提到日本人喜用热茶泡饭，名曰茶渍。茶渍泡饭的日语汉字写作御茶渍。之所以叫"御"，因为它是日本将军足利义政在 15 世纪发明的。

"御茶渍"通常用吃剩的冷饭，加上精盐、鲣鱼粉、海苔丝、青芥末等调味料，冲上热茶汤便可食用了，说简单也简单，说复杂也复杂。说它复杂，是由于茶与配料要精选，与鲑鱼、鲷鱼、旗鱼等食材加工搭配，可以说是非常讲究。因此，有人评"御茶渍""既可以作为欢愉舌尖的奢侈晚餐，也可以作为抚慰人心的实用轻食"。

日本电视连续剧《深夜食堂》中就有"御茶渍"的情节：深夜食堂的三位常客——30 多岁的单身女子，每次来都一人一碗茶泡饭，分别加入梅干、鲑鱼和鳕子，人称"茶泡饭三姐妹"。

13．韩国五行茶礼

每年的 5 月 25 日是韩国茶日，这一天要举行茶文化祝祭，高丽五行茶礼是茶日的重要活动之一。在高丽历史上，茶叶是"功德祭"和"祈雨祭"的必备祭品。现代韩国的五行茶礼是高丽古代茶祭的一种仪式。五行茶礼的核心是祭奠韩国崇敬的茶圣炎帝神农氏，韩国把我国上古时代的部落首领炎帝神农氏视为茶圣，传说神农氏日遇 72 毒，得茶而解之。高丽人认为神农氏发现了茶，是饮茶之先驱。高丽五行茶礼是韩国纪念神农氏的一种献茶仪式，属高丽茶礼中的功德祭。

五行茶礼中的"五行"，包括 12 个方面：（1）五方，即东西南北中；（2）五季，除春夏秋冬四季外，还有换季节；（3）五行，即金木水火土；（4）五色，即黄色、青色、赤色、白色、黑色；（5）五脏，即脾、肝、心、肺、肾；（6）五味，即甘、酸、苦、辛、咸；（7）五常，即仁、义、礼、智、信；（8）五旗，即太极、青龙、朱雀、白虎、玄武；（9）五行茶礼，即献茶、进茶、饮茶、品茶、饮福；（10）五行茶，即黄色井户、青色青磁、赤色铁砂、白色粉青、黑色天目；（11）五之器，即灰、大灰、真火、风炉、真水；（12）五色茶，即黄茶、绿茶、红茶、白茶、黑茶。

五行茶礼是韩国国家级的进茶仪式。茶礼设祭坛，摆八面绘有鲜艳花卉的屏风，挂繁体汉字书写的"茶圣炎帝神农氏神位"条幅，条幅下摆放铺着白布的长桌，桌上置小圆台，圆台上放青瓷茶碗。

茶礼开始，主祭人首先朗诵"天、地、人、合"合一的茶礼诗。然后是旗官入场。旗官分别身着灰、黄、黑、白短装，立于场地四角。之后是武士入场表演。随后女子献烛、献香、献花。

献烛进香毕，十名"五行茶礼行者"进场，以茶壶、茶盅、茶碗等茶具表演涮茶，然后分立两行，手捧五色茶碗向炎帝神农氏神位献茶。献茶时，一女子宣读祭文。祭奠神位完毕，"五行茶礼行者"分别向来宾进茶、献茶食。最后，祭主宣布"高丽五行茶礼"祭礼毕，旗官退场，整个茶礼结束。

仪式中，旗官举的是红、黄、白、蓝四色旗，五行茶礼行者身穿白色短上衣，穿红、黄、蓝、白、黑五色长裙，手捧青、赤、白、黑、黄五色茶碗，现场色彩艳丽，充分展现了"五行茶礼"的仪式感。

14．韩国"传统茶"

韩国"传统茶"里并没有茶，不放茶叶，但可以放几百种食材。

7世纪，韩国已开始饮茶。我国宋、元时期，朝鲜半岛全面学习我国的茶文化。高丽民族以茶礼为中心，普遍流传中国的点茶。中国元朝中叶后，中国茶文化进一步被高丽民族理解并接受，茶房、茶店、茶食、茶席星罗棋布。中国茶传入朝鲜半岛后，被视为有利于修行的饮料，饮茶之风随着佛教的兴盛达到顶峰。朝鲜王朝³中期，也就是17世纪，儒教在朝鲜半岛兴起，饮茶逐渐式微。而具有药用价值的各种汤，包括药丸和膏熬成的汤，都被称作"茶"，这便是韩国"传统茶"的前身。如今，韩国"传统茶"已被视为追求天然和健康的一种甜饮，中国茶在韩国只剩下绿茶一种了。

韩国"传统茶"不用开水泡，而是将原材料长时间浸泡、

3｜朝鲜王朝（1392—1910年），又称李氏朝鲜，简称李朝，是朝鲜半岛历史上最后一个统一封建王朝。

发酵或熬制而成。"传统茶"不是加糖就是加蜂蜜，没有不甜的。

　　韩国"传统茶"种类繁多，几乎达到了无物不能入茶的程度。比较常见的是五谷茶，如大麦茶、玉米茶等；药草茶则有艾草茶、葛根茶、麦冬茶、当归茶、五味子茶、百合茶、桂皮茶等；水果茶，水果无一例外都可制成茶，如柿饼茶、大枣茶、核桃茶、青梅茶、柚子茶、石榴茶等；蔬菜茶，辣椒、茄子、萝卜等食材都可熬制成茶。在韩国的"传统茶"茶馆里，最常见的有双花茶、木瓜茶、莲花茶，也有用仙人掌果实制成的百年草茶。首尔著名的老街仁寺洞街，聚集着几十家韩国"传统茶"茶馆，家家都有自己的绝活。有的用青、红辣椒丝作原料，制作适合体虚人饮用的辣椒茶；有的用济州岛粉红色的仙人掌果实制成色彩鲜艳的百年草茶；还有茶碗中漂着莲花花朵、花瓣的茶。甚至，韩国一些咖啡馆、酒吧和自动饮料售货机也出售韩国"传统茶"。

15．缅甸拌茶

　　缅甸拌茶是将新鲜茶叶腌制成湿茶（近似于我国云南景颇族、德昂族的腌茶），跟其他食物拌在一起直接嚼吃，吃拌茶时要佐以茶水。拌茶的主要材料是湿茶。缅甸人根据茶叶采摘时间的先后，将茶叶制成干茶和湿茶两种，缅甸雨季（5—11月）采摘的茶叶主要用来制作湿茶。湿茶是缅甸用途最广、销量最大的一种茶叶制成品。缅甸城市、乡村的茶摊和拌茶店星罗棋布、数不胜数，它们都销售、消耗湿茶。

"请吃拌茶"，缅甸人待客离不开拌茶。拌茶通常放在瓷盘里，瓷盘中除湿茶外，还有油炸花生、蒜片、印度豆、豆瓣、炒芝麻、姜丝、虾米干等。吃的时候，主人在盘里淋上芝麻油，用勺拌匀，请客人品尝。吃拌茶时，人手一把小勺，勺很小，只能一点一点送到口中，细嚼慢咽。主宾边吃边聊，气氛融洽。

缅甸从蒲甘王朝（11—13世纪）开始种茶、吃茶。缅甸人把茶叶称为"仙叶"，认为它是一种能让人强身健体、增福添寿的营养珍品，宫廷王室将新鲜茶叶浸泡在芝麻油里，待到举行庄严吉祥的宫廷庆典时，拿来招待王公大臣。普通民众则把茶叶作为滋补品，掺入炸蒜头、炸豆子和炒芝麻，混合食用。这种吃法发展至今，便成了拌茶。

缅甸人饭前吃拌茶，饭后吃拌茶。饭前吃可以开胃，饭后吃可以助消化。拌茶对于缅甸人来说，几乎到了"一日不可无君"的地步。

缅甸人把拌茶作为供品祭祀神祇，作为珍贵食品布施给寺庙的高僧。农村还用湿茶包求婚。茶包放在红色漆盘中送到女方家，女方若取走茶叶包，便表示同意了这门婚事。婚礼前，男女方向亲友赠送湿茶包，收到茶包就算收到了结婚请柬。拌茶还常常见证纠纷的化解。纠纷调解人常常请双方坐在一起，通过品尝拌茶坦诚相见，化解矛盾纠纷。法院判了案，也常让双方坐在一起吃拌茶，以示案件了结。

延伸阅读

泰国腌茶

泰国北部地区的人喜欢吃腌茶，其制作方法与我国云南德宏地区少数民族制作腌茶一样，也近似于缅甸的拌茶，通常在雨季腌制。

腌茶，实际上是一道菜，吃时将它和香料拌匀，放进嘴里细嚼。因泰国气候炎热，空气潮湿，而腌菜又香又凉，清凉爽口。于是，腌茶成了当地世代相传的一道家常菜。

16. 印度拉茶

印度拉茶，又称"香料印度茶"，因为它里面放有马萨拉（Masala）调料，又称"马萨拉茶"。

印度拉茶的制作是这样的：水烧热后，加入立顿红茶和姜烧开，加入炼乳，继续烧，最后放入马萨拉调料。

拉茶，是"拉"出来的。烧开的茶、炼乳、姜、马萨拉调料汁，倒入茶杯，在两个杯子之间来回倾倒，像我国的拉面一样，有拉的感觉。印度拉茶，既是一门艺术，也有科学道理。利用两个杯子，把茶"拉"来"拉"去，"拉"得高高的，能制造泡沫出来。两只杯子距离越远，"拉"的水平越高。反复地"拉"，有利于茶与乳的充分混合，带出浓郁的奶味与淡雅的茶味。这样"拉"出来的拉茶，比泡沫奶茶还要浓香可口。印度拉茶冬夏咸宜，冬天饭后饮拉茶，可以暖身。

印度拉茶，不仅流行于印度各地，也传到了马来西亚、新加坡等地。在"拉"的过程中，只见茶水在两只杯子之间飞来飞去，从一只杯子准确地"飞"入另一只杯子，因此，拉茶在马来西亚被称为"飞茶"。

17．印度大吉岭红茶

印度大吉岭红茶被誉为"茶中香槟"，属于高价红茶。大吉岭红茶产于毗邻中国的印度大吉岭。大吉岭离尼泊尔、锡兰、不丹也近。大吉岭海拔高，全年云雾笼罩，雨量充沛，气温较低，茶树生长在海拔 3000 ～ 7000 米的坡地上。

大吉岭的茶树种来源于中国的浙江舟山、宁波，安徽休宁和福建武夷山，由英国植物学家罗伯特·福均（Robert Fortune）引入。

大吉岭红茶有两个采收期。第一次采收在 2 月底至 4 月中旬，茶叶以叶芽为主，呈绿色，茶汤呈金黄色或香槟色，茶味清香，口感清爽。第二次采收在 5 ～ 6 月，产量很大，茶叶外观呈深灰色，叶芽呈黄色或白色，茶汤呈深金黄色或淡橘红色，冲泡时间需要稍长些，茶香浓郁，口感厚实，回味甘甜。

印度几乎 22 个邦都产茶，主产茶区有东北部的阿萨姆邦、北印度的大吉岭、南印度的吉尔吉里，产量最大的是阿萨姆邦红茶，质优价高的是大吉岭红茶。

18．摩洛哥薄荷茶

薄荷茶是摩洛哥的"国饮"，也称"摩洛哥威士忌"。

17—18 世纪，中国绿茶经由丝绸之路传入摩洛哥，薄荷茶很快成为摩洛哥的民族饮料并流传至今。摩洛哥谚语说："爱情如蜜一样甜，生活如薄荷一样涩，死亡如沙漠一样无情。"

薄荷茶是将绿茶与薄荷叶一起冲饮，不过，冲泡的方法有讲究。传统的方法是，先用开水冲洗一下茶叶，以清除茶叶的苦味和尘土，然后将茶叶放入茶壶底部，再将洗净的鲜薄荷叶放到茶叶上面，再压上大量方糖或白砂糖。注入开水后，加热数分钟即可饮用。

薄荷茶将撒哈拉薄荷的辛辣与中国绿茶的清香充分融合，形成了薄荷茶独特的味道。薄荷清凉，绿茶清香，品饮能沁人心脾，给人以清凉清爽的感觉。

客人来了，摩洛哥人总要捧上清香四溢的薄荷茶，而且要连捧三杯。摩洛哥谚语云：三杯饮人生——第一杯犹如生活苦涩，第二杯犹如爱情浓郁，第三杯犹如死亡轻柔。[4]

19．马黛茶

不喝马黛茶就不算到过阿根廷。马黛茶是阿根廷生活中不可缺少的饮料，而且大量出口北美、欧洲和日本等地。马黛茶是一种与中国茶不同的常绿灌木叶子，近似于冬青科的大叶冬青，按中国的说法是非茶之茶。

4 | Le premier verre est aussi amer que la vie（一杯生活苦涩），le deuxième est aussi fort que l'amour（二杯爱情浓郁），le troisième est aussi doux que la mort（三杯死亡轻柔）。

阿根廷人传统的喝马黛茶的方式很特别，一家人或朋友聚在一起，用茶壶泡马黛茶叶，茶壶上插根吸管，在座的人一个一个传着吸茶，边吸边聊天。茶水吸干了，续水再吸，直至聚会结束。现在，一般一人一根吸管，也有把茶倒到茶杯中喝的。

阿根廷人的茶壶很讲究，茶壶是身份的象征，它比马黛茶叶更重要。一般民众的茶壶用竹筒或葫芦做成，壶身不装饰；有钱有地位的人的茶壶如同艺术品，有金属压模的，有硬木雕琢的，有葫芦镶边或以皮革包裹，有的壶身雕刻人物、山水、花鸟等图案，有镶嵌宝石的，有壶嘴镀银的，等等，极尽奢华。

每年4月至8月，是马黛茶的收获季节，大量马黛茶上市。马黛茶节在11月的第二周，是全国性节日，人们游行、聚会，载歌载舞，向行人赠送小袋的马黛茶。

马黛茶含有196种活性元素、12种维生素，南美人称其为"仙草"，认为其是"上帝赐予的神秘礼物"。

延伸阅读

雪茶 藤茶

雪茶别名地茶、太白茶、地雪茶。雪茶为地衣类地茶科植物，状如空心草芽，形似白菊花瓣，洁白如雪，因此得名。雪茶分为青雪茶（红雪茶）、白雪茶两种，藏语称之为"夏软"，纳西话里叫作"阁楞"，意为"岩石上的茶"。雪茶清纯爽口，其味略苦而甘，有清热生津，醒脑安神，降血压、血脂等效能。

藤茶，又名茅岩莓茶、土家甘露茶、土家神茶等，藤茶目前是野生的，还不能人工种植。藤茶是黄酮成分含量最高、营养最丰富的野生植物。

20．"茶叶大盗"

"茶叶大盗"指英国植物学家罗伯特·福均（Robert Fortune）。他于1842年和1849年分别受英国皇家园艺学会和英国东印度公司派遣，先后两次到中国，分别逗留两年多时间，盗走大量植物，包括茶树苗和茶籽，带回英国和印度。

17世纪，茶叶传入英国后，改变了英国人的生活。英国人太爱饮茶了！每年需要花费大量银圆购买中国茶叶。福均盗得茶树和茶籽后，在印度种植，殖民地印度的茶叶替代了中国茶叶，英国因茶叶贸易出现的巨额赤字开始扭转，罗伯特·福均功不可没。

福均专门写了一本书叙述他在中国采集植物，特别是茶树苗和茶籽的经过。此书已被译成中文《两访中国茶乡》，2015年由江苏人民出版社出版，共35万字。福均在书中详细介绍了他在舟山、宁波、休宁、武夷山采集茶树、茶籽的经过，仅在武夷山九曲溪畔道观附近就采集了400株茶树苗。

福均把第一次来中国盗采的茶树苗及茶籽带回了英国，但英国不适宜茶树种植，这些茶树最后仅作为园林观赏。第二次，受英国东印度公司派遣，福均盗采了数以万计的茶树苗和茶籽，分别从海上运到印度大吉岭地区种植，他还带去了制茶工人和制茶工具。数年后，大吉岭便成为著名的红茶产区，中国茶叶的垄断局面开始崩裂。

美国作家萨拉·罗斯以福均在中国的经历为素材，以小说的笔法，写出了具有传记性质的一部书。台湾麦田出版社2014年出版了这本书，书名为《植物猎人的茶盗之旅：改变中英帝国财富版图的茶叶贸易史》；社会科学文献出版社2015年出版了此书的中译本，书名为《茶叶大盗——改变世界史的中国茶》。

21．倾茶事件

倾茶事件发生于1773年的美国波士顿，这实质上是北美地区人民反抗英国殖民统治的一次政治示威。

英国连年战争，导致国库空虚，背负的债务越来越高，在殖民地增加税负自然成为英国殖民者的不二选择，茶叶税率竟高达90%～110%。波士顿是英国在北美的一小块殖民地，在这里殖民地的人民与殖民者的矛盾异常突出，1770年曾发生英国军队打死5人的"波士顿惨案"。

茶叶高税收必然带来垄断经营，垄断和高税收又必然导致走私泛滥。当时，北美的茶叶经销进入了这样的恶性循环。从法国、瑞典、荷兰、丹麦四国中转的走私茶一度占据了整个北美茶叶市场的90%。在走私的冲击下，英国东印度公司茶叶积压达到8000吨，濒临破产。为挽救东印度公司，英国议会居然通过了《救济东印度公司条例》等法规，免缴高额的进口关税，只象征性地收取东印度公司轻微的茶税，允许它以极低的价格在北美倾销积压茶叶。

1773 年 11 月，7 艘大型商船开往北美，其中 4 艘开往波士顿，3 艘分别开往纽约、查尔斯顿和费城，纽约和费城的茶商拒绝接货，2 艘商船只得开回英国。开往波士顿的船，茶叶被拒，其他货物卸下了。12 月 16 日，8000 多人抗议集会，60 人化装成印第安人爬上茶船，将价值 1.5 万英镑的 342 箱茶叶倾倒到大海里。《马萨诸塞时报》描述道，"涨潮时，水面上漂满了破碎的箱子和茶叶。自城市的南部一直延绵到多切斯特湾，还有一部分被冲上岸"。这就是波士顿的倾茶事件。后来，美国在已经废弃的茶叶码头上专门立了一块碑，用来纪念这个重要的历史事件。

英国政府认为这是恶意挑衅。为压制反抗，英国议会于 1774 年 3 月通过了惩罚性的法令，即《波士顿港口法》《马萨诸塞政府法》《司法法》《驻营条例》。这些"强制法令"激起了更强烈的反抗，最终导致了第一届大陆会议的召开，1775 年 4 月 19 日，美国独立战争在莱克星顿打响了第一枪。1776 年 7 月 4 日，美利坚合众国宣告成立。

22．巴尔扎克神吹中国茶

法国著名作家巴尔扎克酷爱咖啡，也爱中国茶。他曾风趣地说，他的《人间喜剧》问世，完全是靠"流成了河的咖啡的帮助"。有人估计，他一生大约喝了 5 万杯咖啡。也许，巴尔扎克得到的中国茶并不多，但他神吹中国茶的故事却传得很远。

　　一次，巴尔扎克在招待朋友时，态度虔诚地端出一只雅致的堪察加木匣，从中小心翼翼地取出绣着汉字的黄绫布包。他一层一层慢慢地打开布包，拿出包裹着的金黄色的优质红茶来。

　　他神秘地说，此茶是中国某地的特产极品，一年仅产数千克，专供大清皇帝享用，由妙龄少女在日出前采摘，精心加工制成，一路载歌载舞送到皇宫。大清皇帝舍不得独享，馈赠部分给俄国沙皇。为防路上被劫掠，专门派遣武装力量护送。沙皇也没独享，他分赐给诸位大臣和外国使节。巴尔扎克的中国红茶正是法国驻俄使节分给他的。

　　宾客们听得目瞪口呆，巴尔扎克仍不罢休，他添油加醋地说："此茶有神效，切不可放怀畅饮，谁要是连饮三杯必盲一目，连饮六杯则双目失明。"宾客们将信将疑，面面相觑，谁也不敢多饮。

后

记

后

记

有朋友问我："为什么要写这么一本小册子？"

"为什么？我也不知道！实在是计划之外，也算是'无心插柳'吧，只是没'成荫'罢了。"

我的家乡在桂北瑶乡，叫恭城瑶族自治县。家乡的喝茶方式比较独特，现在城里人喝冲泡茶，虽受西式茶饮影响，有在红茶中加糖、牛奶的，但绝大多数人是清饮——茶汤中不放任何东西，无论绿茶、红茶、乌龙、普洱，大都清饮。我的家乡不同，虽有喝冲泡茶的，但是家家户户，几乎人人都喝煮茶，把茶煮来喝，还要在茶汤中添盐加油，尤其加入生姜。不只是煮，还要捶打，用木柄槌把开水浸泡或轻煮过的茶叶、生姜捶烂了再煮，所以叫"打油茶"。现如今，无论城镇、农村，家家户户"打油茶"。贵客临门，首先油茶招待；走亲访友，先喝油茶；见面打招呼，常常是"到我家喝油茶"。

油茶，既是饮料，又非普通饮料，不在工作中、工休时作为解渴饮料喝，也不在茶话会、茶叙时喝，它是餐食，在正餐特别是早餐食用。早晨的餐桌上，刚"打"出的油茶，芳香扑鼻，盛在碗里的油茶，呈现金桂花般的黄色，茶汤上漂着白色的米花、黄色的米果、绿色的香葱，色香味俱佳！配食油茶的有鸡蛋、花生、米粉，还有红薯、芋头、玉米等杂粮，更有多达十余种的地方特色糕粑，如果全摆出来，2 米直径的餐桌会挤得满满当当。

过去主要是早餐喝油茶，如今午餐、晚餐甚至夜宵也喝油茶，招待远道而来的宾客更是如此。许多餐馆、饭店的菜单，油茶列于招牌菜位置。

油茶，是瑶族的传统饮食，在瑶族山寨流行了几百年甚至上千年。随着瑶民下山移居，打油茶习俗开始在江河流域瑶族聚居村庄流行，并且进入县城和乡镇。城镇居民改良了茶具，改进了制作方法，这些茶具、制作方法又传回瑶族村庄，他们再做改进并传到城镇，经过往复多次改良、传播，恭城油茶日臻完善。一碗好油茶，未见其形，先闻其香；入口微苦，饮后喉甘气爽、唇齿留香，食后则能消食健胃、除腻祛烦、驱湿避瘴。2021 年，恭城油茶被列入第五批国家非物质文化遗产名录，2022 年 11 月，恭城的"瑶族油茶习俗"作为"中国传统制茶技艺及其相关习俗"的一个子项，成功通过评审，被列入联合国教科文组织人类非物质文化遗产名录。

可与入选非遗相提并论的，是恭城油茶迅速被市场认可。仅仅十数年，不仅周边县镇，而且桂林市，甚至广西首府南宁市及其他城市，恭城油茶的名气越来越大。在桂林市，恭城油茶无人不晓，油茶店生意火爆；在南宁市，恭城油茶已成高档美食。一些餐馆甚至星级宾馆开始提供油茶。越来越多的人将油茶视为养生、美颜、健体、益智、提神醒脑的美食。

家乡的油茶是怎么来的？它跟古代茶饮有什么关系，有无历史承传？为了寻求答案，我翻阅了历代茶书茶文，或细读慢看，反复推敲；或粗粗浏览，不求甚解；或参看比对，考证探究。这一看，不得了，发现了以往未曾关注的一片天地：中国茶文化源远流长，博大而丰厚；中国植茶、饮茶世上最早，是人类茶文化之源头，对全球茶饮的影响既深且远。许多帝王将相、文豪巨贾、道长高僧、艺妓名媛都爱茶嗜茶，他们留下许多茶饮雅事、趣事、糗事。我想，把这些有趣的故事汇成一册，或许既能博茶余饭后一笑，又能让人在轻松愉悦中对中国茶文化有所了解。

许多事，思易，做起来不容易。这些小故事，怎么找、怎么选，如何确认、如何编排，真做起来还是颇费周折的。

无论如何，我坚持了这么三点。

第一是"三有"：有故事性，有趣，有味。前两个"有"不必多说，"有味"是尽可能有嚼头，至少要让一批故事能咀嚼出些味道。

第二是"实"，尽可能有依有据。古籍中的记载，常有相互矛盾或语焉不详或令人费解之处，不考证，不探求，直接拿来，可能不准不实，以讹传讹。我非史学家，更非茶学家，甚至连"半路出家"都谈不上，只在甲子之后才小有兴趣，因此要"考证""探求"，做到有依有据，是颇难胜任的，不过尽自己的努力去做罢了。

有文章引西晋张华《博物志》文："饮真茶，令人少眠，故茶美称不夜侯，美其功也。"西晋时就将茶称为"不夜侯"了？查张华《博物志》原文，在卷四找到，不过只有"饮羹茶，令人少眠"[1]几字，并无"不夜侯"之说。网上多篇文章都用"饮真茶"，让人费解。这是扫描古文献出的错，实际是"饮羹茶"。

王褒《僮约》两处提到茶，一般文章都这样引："脍鱼炰鳖，烹茶尽具""武阳买茶，杨氏担荷"。"脍鱼炰鳖，烹茶尽具"好理解，"武阳买茶，杨氏担荷"却不好理解。查阅《僮约》原文，才发现在断句上有些偏差。原文是："牵犬贩鹅，武阳买茶，杨氏担荷，往来市聚，慎护奸偷。"显然，在"牵犬贩鹅，武阳买茶"中断句更好。

有的学者将唐玄宗的梅妃当作中国历史上十大女茶人来介绍。这梅妃似虚构人物，至少跟唐玄宗斗茶是完全虚构的。斗茶，即点茶比赛，而点茶是唐末五代时才出现的，盛行于北宋。唐玄宗时，还没出现点茶。唐明皇跟梅妃斗茶，出自宋代小说《梅妃传》，非真实故事，本书辑录了此故事，但放到"文学茶事"中，作为虚构故事来介绍。

说到"实"，当然是相对的，"茶坛异事"所收集的故事就很难敲实。因流传甚广，引用甚多，全部弃之不取，既可惜也欠完整，我把它们归于"异事"，予以辑录。

第三，这些有趣的故事虽然零散，似无关联，但将其分门别类串在一起，却能若隐若现地勾勒出我国茶饮、茶文化发展、传播脉络。

1｜《博物志》引的是《神农经》文字，前后文字为："啖麦稼，令人有力健引。饮羹茶，令人少眠。人常食小豆，令人肌肥粗燥。食燕麦，令人骨节断解。"

书中许多故事，源于古文献，但照录古文读来难免佶屈聱口。为便于阅读，尽量改写成现代文，或按我的理解写出大意。为忠实于原文，在"延伸阅读"处录出原文，或用页脚注加以说明。

在这里，特别要感谢赵英立老师。他是我非常敬佩的茶学家，其专著《好好喝茶》展现了深厚的茶学、佛学及中国文化功底，读后受益良多。我曾把这本书的简介发给他，请他提意见。他提出要看目录中提到的两则故事，看后他谈了看法，这让我知道了自己认识与理解的浅薄。我请他作序，他爽快地答应了，但要看完书稿再写。几天后，他专门给我打电话，很客气地指出多处错漏，有一处竟然是页脚上的注释，那字非常小。这让我无比感动。他的序，给这本普普通通的故事集极大地增了光添了彩，他的博学、严谨、谦逊，更值得我学习。

这本小册子能够付梓，还要特别感谢人民日报出版社刘华新社长、丁丁总编辑和赵军副社长，他们慧眼识书，编辑中心主任陈红、编辑周玉玲对编、校、印更是付出了极大心血。更可喜的是，不仅以纸书形式出版，他们还打算以新媒体的形式介绍书中诸多故事。期待在人民日报出版社的视频节目中、在抖音等视频平台上看到对有趣茶饮小故事的演绎！

尽管做了很大的努力，但由于本人古文底子薄，茶学知识肤浅，所下功夫也不够，书中错漏之处难免。敬请读者批评指正。

参考文献

317

322

参考文献

1. 朱自振、沈冬梅、增勤编著:《中国古代茶书集成》,上海文化出版社,2010 年 8 月第 1 版。

2. 陈宗懋主编:《中国茶经》,上海文化出版社,2011 年修订。

3. 陆羽等著,宋一明译注:《茶经译注》(修订本),上海古籍出版社,2017 年 11 月版。

4. 赵英立:《好好喝茶》,文津出版社,2018 年 6 月第 1 版。

5. [日] 冈仓天心著,谷意译:《茶之书》,山东画报出版社,2010 年 6 月第 1 版。

6. 王笛:《袍哥——1940 年代川西乡村的暴力与秩序》,北京大学出版社,2018 年 11 月第 1 版。

7. 王建荣主编:《茶道:从喝茶到懂茶》,江苏凤凰科学技术出版社,2015 年 4 月第 1 版。

8. 《苏轼文集》,中华书局,1986 年 3 月第 1 版。

9. 泗水潜夫辑:《南宋市肆记》。

10. 白维国:《金瓶梅风俗谭》,商务印书馆,2015 年 12 月第 1 版。

11. 王利器主编:《金瓶梅词典》,吉林文史出版社,1988 年 11 月第 1 版。

12. 王贵元、叶桂刚主编:《诗词曲小说语辞大典》,群言出版社,1993 年 9 月第 1 版。

13. 沈冬梅、张荷、李涓编著:《茶馨艺文:文明上海丛书》,上海人民出版社,2009 年 3 月第 1 版。

14. 朱琳编著:《洪门志:民间秘密结社与宗教丛书》,河北人民出版社,1990 年 5 月第 1 版。

15. 恭城瑶族自治县地方志编纂委员会编:《恭城县志》,广西人民出版社,1992 年 2 月第 1 版。

16. 朱雄全、莫纪德主编:《恭城瑶族历史与民俗文化》,中央民族大学出版社,2016 年 4 月第 1 版。

17. 蒋丰:《激荡千年:日本茶道史》,上海交通大学出版社,2019 年 7 月第 1 版。

18. 亮炯·朗萨:《恢宏千年茶马古道——川藏茶马古道寻幽探胜》,中国旅游出版社,2004 年 8 月第 1 版。

19. 〔日〕荣西:《吃茶养生记》,网页文档:https://www.xuexila.com/huazhuang/meirong/yangsheng/1795078.html。

20. 王全珍:《缅甸拌茶漫话》,《亚非纵横》,1994 年第 4 期。

21. 欧阳军:《阿根廷国宝 神奇马黛茶》,《中国食品》,2021 年第 13 期。

22. 胡长春:《明代的茶叶品类与名茶》,《农业考古》,2018 年第 2 期。

23. 王笛:《"吃讲茶":成都茶馆、袍哥与地方政治空间》,《史学月刊》,2010 年第 2 期。

24. 楚江:《奇妙的米虫茶》,《绿色大世界》,1996 年第 2 期。

25. 林更生:《印度茶文化》,《农业考古》,2010 年第 2 期。

26. 竺济法:《印度大吉岭茶种源自舟山、宁波、休宁、武夷山四地——英国"茶叶大盗"罗伯特·福琼〈两访中国茶乡〉见证》,《中国茶叶》,2016 年第 8 期。

27. 鲍志成:《茶宴源流考》,《茶博览》,2016 年第 8 期、第 9 期。

28. 桂遇秋:《〈金瓶梅〉中的茶文化》,《农业考古》,2001 年第 2 期、第 4 期。

29. 王威廉:《〈儒林外史〉之茶》,《中国茶叶》, 1989 年第 1 期。

30. 杜贵晨:《〈水浒传〉茶事考论》,《陕西理工学院学报》(社会科学版), 2016 年第 4 期。

31. 承骐:《巴尔扎克神吹中国茶》,《世界文化》, 2000 年第 2 期。

32. 李旭:《茶马古道与茶文化》,《青藏高原论坛》, 2014 年 9 月第 3 期。

33. 江用文、袁海波、滑金杰:《潮起中国红 中国红茶发展记》,《茶博览》, 2018 年第 10 期。

34. 邓雅婷、赵国栋:《从〈格萨尔〉看西藏茶文化》,《农业考古》, 2018 年第 5 期。

35. 赵国雄:《从巴尔扎克说到西欧茶文化》,《广东茶业》, 2008 年第 1 期。

36. 冯晓霓:《古典文学中的品茶及茶文化分析——以〈红楼梦〉、〈镜花缘〉与〈九云记〉为例》,《福建茶叶》, 2017 年第 9 期。

37. 闫茂华、陆长梅:《海州风物与〈镜花缘〉中的茶文化》,《农业考古》, 2016 年第 2 期。

38. 刘燕霞:《韩国茶文化中的五行茶礼》,《茶·健康天地》, 2009 年第 8 期。

39. 古朴杏:《韩国的"传统茶"》,《旅游时代》, 2012 年第 8 期。

40. 尹占华:《胡钉铰考》,《甘肃广播电视大学学报》, 2006 年第 1 期。

41. 张世汶:《话侗乡打油茶》,《中国茶叶》, 1990 年第 6 期。

42. 杨多杰:《刘言史与孟郊的饮茶故事》,《月读》, 2020 年第 10 期。

43. 巴桑罗布:《论"藏茶"的文化渊源》,《福建茶叶》, 2020 年第 3 期。

44. 蔡定益:《论明代的茶果》,《农业考古》, 2015 年第 5 期。

45. 凯亚:《略说西方的第一首茶诗及其他——〈饮茶皇后之歌〉读后》,《茶叶》, 1999 年第 3 期。

46. ［日］棚桥篁峰，彭璟、郭燕译:《日本茶道的渊源与演变》,《农业考古》, 2012 年第 2 期。

47. 温文:《漫谈哈萨克族的饮茶文化》,《黑龙江史志》,2009 年第 15 期。

48. 尹娜:《日本茶道文化的历史发展与变化》,《大众文艺》, 2019 年第 13 期。

49. 张刃:《山客·水客·茶行》,《当代劳模》, 2011 年第 2 期。

50. 韩士奇:《少数民族茶趣》,《旅游》, 1997 年第 5 期。

51. 埃琳娜·张、玛尔塔·洛佩斯·加西亚、亢德喜:《世界各地的茶文化》,《英语世界》, 2018 年第 8 期。

52. 马军:《苏轼的调水符》,《小学教学研究》, 2017 年第 27 期。

53. 苏西:《坦洋工夫红茶的历史韵味》,《海峡旅游》, 2021 年第 4 期。

54. 韩星海:《文成公主入藏传茶记》,《茶博览》, 2014 年第 2 期。

55. 刘章才:《英国诗人拜伦与茶文化》,《农业考古》, 2017 年第 5 期。

56. 刘勤晋:《英式下午茶缘起、流变与启示》,《茶博览》, 2014 年第 11 期。

57. 陈秀中:《幽香梅韵味 君子共三清——乾隆独创"三清茶"高雅品味的审美净化功能》,《北京林业大学学报》, 2015 年第 1 期。

58. 张耀武、龚永新:《中国茶祭的文化考察》,《农业考古》, 2010 年第 2 期。

59. 刘伟华:《中国古代文人茶礼述略》,《农业考古》, 2014 年第 5 期。

60. 陈梧桐:《朱元璋处死贩卖私茶的驸马》,《农业考古》, 1991 年第 4 期。

61. 粘振和:《元末杨维桢〈清苦先生传〉的茶文化意蕴》,台湾《成大历史学报》, 2009 年 12 月第三十七号。

62. 陈影:《敦煌文献〈茶酒论〉研究》,青海师范大学硕士学位论文。

63. 钱大宇:《"茶酒争功"今再议》,《农业考古》,2003 年第 4 期。

64. 冒襄辑:《岕茶汇钞》, https://www.docin.com/p-1103306695.html。

65. 梁真鹏:《中华茶苑拓荒牛——访著名茶学专家、文学家阙庭恕（丁文）》: http://bbs.tianya.cn/post-free-6117592-1.shtml。

66. 丁文的博客文章: http://blog.tianya.cn/blogger/post_list.asp?BlogID=1886006&CategoryID=0。

67. 中国历代饮茶方法的演变: https://wenku.baidu.com/view/13edba36f111f18583d05a50.html。

68. 中国茶叶网: http://www.caayee.com/。